und Bauern-Volvo
Sachsenporsche
Überdachte
Carton de la blamage
Asphaltblase
Fliegen
Mercedes Krenz
Rennpappe
Duroplastbomber
Trabilallac Plastepfeil
Umstandskoffer
Arbeiter- und Bauern
Asphaltblase
Duroplastbomber
Gehhilfe Trabillac
Umstandskasten
Zündkerze
Rennpappe Asphaltblase
Carton de la Papp
Flüchtlingskoffer Sachsenporsche
Sachse Carton de blamage
Gehhilfe Trabillac Plastepfeil
Umstandskasten Carton de la Papp
Überdachte Zündkerze Rennpappe
Mercedes Krenz Sachsenporsche
Carton de blamage Überdachte Zündkerze
Flüchtlingskoffer Gehhilfe
Trabillac Plastepfeil Rennpappe

50 Jahre Trabant®

Andrea Verlag

Vorwort

„50 Jahre Trabant“

Als ehemaliger Technischer Direktor im damaligen VEB Kraftfahrzeugwerk AUDI war ich mit vielen Ingenieuren, Angestellten und Facharbeitern, Geburtshelfer für den PKW P 50 (Trabant) und so ist es für mich eine Ehre für dieses Buch das Vorwort schreiben zu dürfen.

Die Geburt des PKW-Trabant verlief nicht problemlos. Angefangen vom Streit um die Größe dieses kleinen Kerls, über die Höhe der zu produzierenden Stückzahl, den erforderlichen Investitionen bis zur Bereitstellung des notwendigen Umformwerkzeugsatzes, die Sicherung der benötigten Materialien und der Vereinigung der beiden Zwickauer Automobilwerke stand ein ständiger Kampf um die Lösung dieser Probleme auf der Tagesordnung.

Am 07. November 1957 erfolgte der Bau des ersten Nullserienfahrzeuges, ein Kleinwagen mit einer selbsttragenden Karosserie und Kunststoffbeplankung, technisch und optisch den internationalen Trend im Kleinwagenbau mitbestimmend.

Als dann der P 50 seinen Namen Trabant erhielt und auf den Markt kam, wurde er zum liebsten Kind der Bevölkerung der DDR. Er war ja auch für alles im täglichen Leben zu gebrauchen. So für die Fahrt zur Arbeit, zum Einkaufen, für die Häuslebauer als Kleintransporter, für die Fahrt in den Urlaub und für alles was der DDR-Alltag erforderte.

Um das Fahrzeug technisch und optisch auf den Stand des internationalen Niveaus zu halten, haben die Ingenieure und Konstrukteure des Zwickauer Automobilbaus, wie im Buch beschrieben, viele Prototypen bis zur Serienreife entwickelt und ständig um ein Nachfolgefahrzeug gerungen.

Wenn der PKW Trabant mit geringen Verbesserungen 34 Jahre gebaut werden musste und dadurch technisch und optisch den Anschluss an den internationalen Stand verloren hat, dann lag das nicht an den Ingenieuren und Konstrukteuren der Zwickauer Automobilbauer, sondern an der Regierung und Parteiführung, die für ein Nachfolgefahrzeug keine Mittel bewilligten.

Im Jahre 1984 kam es zum Abschluss eines Vertrages über die Lizenznahme des VW Motors EA 111 für den PKW Trabant und den PKW Wartburg mit der VW AG. Damit sollte das Leben dieser beiden Fahrzeuge gerettet werden. Die Investitionen reichten jedoch nur für ein neues Herz, einen Viertakt-Otto-Motor. So blieb das Kleid des Trabant, die Karosserie, fast unverändert. Diese Neuerungen waren zu wenig um nach der Wende in der Welt des freien Marktes zu überleben.

1990 wurde der Trabi, wie er heute noch liebevoll im Volksmund genannt wird, „Auto des Jahres". Er wurde zur Legende auf Rädern und erfährt anlässlich der jährlichen „Internationalen Trabant-Fahrer-Treffen" Anerkennung und Ehrung als Volkswagen für die ehemaligen DDR - Bürger.

Dr. W. Sonntag

Dr. Winfried Sonntag

Seit 1949	Konstrukteur bei Horch
1954	Technischer Direktor Werk Audi
1958	Technischer Direktor VEB Sachsenring Automobilwerke Zwickau
1963	Direktor VEB WTZ (Wissenschaftlich-Technisches Zentrum Automobilbau)
1968 - 1978	Generaldirektor VVB Automobilbau (Vereinigung Volkseigene Betriebe Automobilbau)
danach	Direktor der WTZ
1984 - 1991	Auftragsleiter für das Projekt VW-Motor

Inhalt

1. Der Weg zur ersten Trabant-Entwicklung

2. Das erste Leben des Trabant P 50

3. Die Weiterentwicklung des Trabant zum P 601

Trabant

Inhalt

4. Die neue Kraft des Trabant der P 1.1

5. Aus dem Leben des Trabant

6. Anlagen

und seine Fans

1. Der Weg zur ersten Trabant-Entwicklung

Der Neubeginn in Sachsen mit den PKW F 8 und F 9

Die Geschichte des DDR-Volksautos „Trabant" entstand aus dem Neuaufbau der Autoindustrie in Sachsen. Auf dem Gebiet der DDR waren nach dem Krieg in Thüringen und Sachsen zwei wichtige Zentren der PKW-Automobil-Industrie vorhanden.

Übersicht der PKW-Standorte, 1938

Standort	Werk	PKW
Eisenach (Thüringen)	BMW-Werk	BMW
Zwickau/Chemnitz (Sachsen)	Auto Union	Audi, DKW, Horch und Wanderer

Die Startbedingungen an den beiden Standorten fielen jedoch sehr unterschiedlich aus.

In Thüringen erfolgte in kürzester Zeit der sofortige Beginn der Neuproduktion des BMW 321, des Sportwagens 321 und ab 1949 der BMW/EMW 340, vorrangig für die Sowjetunion.

In Sachsen dagegen erfolgte als Reparationsleistung die Demontage ganzer Produktionsanlagen.

Im Horch Werk Zwickau wurden 3.800 Maschinen demontiert. Das waren 98 Prozent vom Gesamtbestand.

Mit neuer Kraft und großem Enthusiasmus erfolgte der Neubeginn der Automobilindustrie in Zwickau/Chemnitz. Er knüpfte an die Weiterführung der bewährten Vorkriegskonstruktionen an und stützte sich auf den DKW F 8. Ab 1947 begannen die Konstruktionsarbeiten zur Serienreife des moderneren PKW F 9.

PKW F 9

(F steht für Frontantrieb und 9 für Typennummerierung)
Der F 9 war ursprünglich ein Familienwagen der Auto-Union/DKW. Die Entwicklung begann um 1937 als Nachfolger des erfolgreichen DKW F 8.

Mit Walter Haustein und Albert Locke waren zwei Konstrukteure aus der Vorkriegszeit beteiligt – ein entscheidender Vorteil, da viele Zeichnungen verschollen waren und teilweise aus dem Gedächtnis neu erstellt werden mussten.

Es staunte der Freund:
„Warum hast du denn die eine Seite deines Trabis rot und die andere grün lackieren lassen?"
„Ganz einfach, du sollst mal sehen, wie sich da die Zeugen im Streitfall widersprechen!"

Im Mai 1945 verschwanden Zeichnungen, Kopien und Fotos aus dem Zentralverwaltungsarchiv (ZVA) in Chemnitz durch einige sich in den Westen absetzende Vorstandsmitglieder. Selbst die Versuchsfahrzeuge wurden mitgenommen. Weitere Originalunterlagen wurden als Reparationsgut durch das Sowjetische Militär mitgenommen bzw. eingezogen.

Trotz dieser Umstände und den Zeiten extremer Mangelerscheinungen von sämtlichen Produktionsmaterialien wurde der PKW F 9 auf der Leipziger Messe 1949 vorgestellt.

IFA F 9
Limousine, 1953

Motor:	Dreizylinder-Zweitakt mit Umkehrspülung
Hubraum:	900 ccm
Leistung:	28 PS bei 3.800 U/min
Geschwindigkeit:	110 km/h
Verbrauch:	10 l/100 km
Preis:	13.200 M/DDR
	Limousine
	Karosserie Horch
Bauzeit:	1949 - 1953 (in Zwickau)
Produktion:	1.627 Stück

Die Präsentation erregte großes Aufsehen und erzeugte einen gewaltigen Entwicklungsschub. Innerhalb von 12 Monaten wurde der F 9 zur Serienreife geführt. Die Produktionsvoraussetzungen konnten aber erst 1950 geschaffen werden.

Im Horch Werk Zwickau erfolgte die Produktion der Blechkarosserie, in Chemnitz die Produktion der Dreizylinder-Motoren und im Audi Werk Zwickau die Fahrwerksfertigung und die Montage des Gesamtfahrzeuges.

Der PKW F 9 war eine gelungene Produktion, gedacht als Konkurrenz zum VW Käfer aus Wolfsburg.

Der F 9 war der letzte PKW aus der „F-Serie" der Auto Union. Ab 1950 ging der F 9 in Produktion, in der BRD als DKW F 89 und in der DDR als IFA F 9.

Die Produktion des PKW IFA F 9 wurde 1953 von Zwickau als Ersatz für die kaum absetzbaren PKW EMW 326, EMW 327-2 bzw. EMW 340 nach Eisenach verlegt. In Eisenach erhielt er die Typenbezeichnung 309. Er war die Grundlage für die spätere PKW „Wartburg"-Produktion.

Wie ging es nun in Zwickau weiter?

Produktionszahlen PKW F 8 und PKW F 9

	F 8	**F 9 Zwickau**	**F 9 Eisenach**
1949	525	6	
1950	3.250	260	
1951	3.820	701	
1952	2.361	649	7.550
1953	4.464	11	12.863
1954	5.001		13.492
1955	5.607		4.878
Gesamt	**25.028**	**1.627**	**38.783**

Der Export des F 9 erfolgte nach Schweden, Finnland, Norwegen, Dänemark, Schweiz und Belgien.

„Trabifahrer sind die wirklichen Männer im Auto“, prahlt ein Trabifan. „Mit der linken Hand geben wir Zeichen, mit der rechten winken wir den Mädels.“ „Und wie lenken Sie?“ fragt ein Tourist skeptisch. „Ich sage Ihnen doch, wir Trabifahrer sind die wirklichen Männer.“

Keine Karosseriebleche vorhanden, was nun?

Wegen der komplizierten windschlüpfrigen Form des PKW IFA F 9 wurden sehr hochwertige Karosseriebleche benötigt. 1953 erfolgte die Verlagerung des PKW F 9 nach Eisenach. Mit der Produktionssteigerung des PKW F 9 erhöhte sich der Materialbedarf um ein Vielfaches.

Der Osten Deutschlands hatte keine Stahlwerke für Feinbleche. Außerdem standen Karosseriebleche auf der so genannten Embargoliste des Westens.

Die geringe Menge illegal beschaffter Feinbleche bestimmte somit die Automobilproduktion. Erschwerend kam hinzu, dass durch ständig wechselnde Lieferanten unterschiedliche Blechqualitäten zum Einsatz kamen.

Eine Automobilproduktion war unter diesen Voraussetzungen sehr schwierig.

Die zukünftig angestrebte Serienproduktion von PKWs sollte mit möglichst wenig embargobetroffenen Tiefziehblechen vollzogen werden. Der erneute Rückgriff auf die alte, seit Jahrzehnten verwendete Holzkonstruktion, welche mit Kunstleder überspannt wurde (wie bei dem PKW DKW F 8), kam aus Gewichts- und Aufwandsgründen nicht mehr in Betracht.

IFA F 8
Limousine, Karosserie KWD Dresden, 1955

Motor:	Zweizylinder-Zweitakt in Reihe, quer eingebaut
Hubraum:	690 ccm
Leistung:	20 PS bei 3.500 U/min
Geschwindigkeit:	85 km/h
Preis:	8.415 M/DDR
Bauzeit:	1949 - 1955
Produktion:	25.028 Stück

Es blieb keine andere Wahl, als einen neuen Karosseriewerkstoff aus Kunststoff zu entwickeln!

Polizist: „Blasen Sie in das Röhrchen!"
Trabifahrer: „Geht nicht. Ich habe Asthma."
Polizist: „Kommen Sie mit zur Blutprobe!"
Trabifahrer: „Geht nicht, bin Bluter."
Polizist: „Dann gehen Sie auf dieser Linie!"
Trabifahrer: „Geht nicht, bin betrunken."

Der neue Werkstoff – Duroplast

Die Zukunft der PKW-Fertigung in Zwickau hing von einer Ersatzlösung für den Karosserieblechbedarf ab – **der Kunststoffentwicklung**.

Die wichtigsten Anforderungen für den neu zu entwickelnden Werkstoff waren:

- die Zusammensetzung des Werkstoffes mit geringem Importanteil,
- die Verarbeitbarkeit unter DDR-Bedingungen,
- hohe Elastizität und geringes Gewicht,
- absoluter Korrosionsschutz,
- eine gute Körperschalldämpfung sowie
- eine gute Lackierbarkeit.

Kunststoffe waren durch die früheren IG-Farbenwerke Buna und Bitterfeld ausreichend vorhanden.

Der damalige Hauptverwaltungsleiter des Gesamtfahrzeugbaus der DDR, Oberingenieur Kurt Lang, bildete 1951 ein Forschungsteam. Weitere Ingenieure gehörten dem Team an: Ing. Wilhelm Ladewig, Dipl.-Ing. Wolfgang Bartel (später Leiter der Entwicklungsabteilung Pressstoff), Meister Erich Klaus und Ing. Fritz Hans. Sie erhielten 1952 für das erste Versuchsfahrzeug den Nationalpreis der DDR.

1952 wurden durch die in das Entwicklungsteam aufgenommenen Ingenieure Alfred Schädlich und Dr. Werner Reichelt geeignete Formschalen und Verarbeitungsmöglichkeiten für den neuen Karosseriewerkstoff entwickelt.

Internationale Kunststoffentwicklung

Der im Krieg in den USA entwickelte neue Kunststoff aus glasfaserverstärktem Polyesterharz (GFK) war nicht anwendbar. Es gab in der DDR nicht das erforderliche Polyesterharz und keine geeigneten Glasfasern als Verstärkungsstoff.

In der Anfangsphase der Kunststoffentwicklung erfolgte die Mischung von Holzschliff aus der Papierindustrie mit PVC als Bindemittel.

Als optimal erwies sich die 1954 von Dipl.-Ing. Wolfgang Barthel entwickelte Mischung aus Baumwollfasern und pulverförmigem Phenolharz.

Zur Anwendung kamen:

- Baumwollkämmlinge aus Abfällen der DDR-Textilindustrie,
- Phenolharz als Bindemittel, gewonnen aus einheimischem Braunkohleteer und
- hochwertige Baumwolle aus der Sowjetunion für die Deckschicht.

Im Oktober 1954 war es soweit. Der neue Kunststoff mit dem Namen „Duroplast" war geboren. Unter den Bedingungen der DDR erreichte der neu entwickelte Karosseriepressstoff aus Zwickau „**Duroplast**" ein beachtliches Ergebnis hinsichtlich der Kosten, dem Arbeitsaufwand und Importanteil im Vergleich zum Glasfaserwerkstoff (GFK) und zum Stahlblech. Die Entwicklung fand seinerzeit in aller Welt große Beachtung!

So funktioniert die Duroplast-Herstellung

Ca. 100 Schichten von Baumwollfasern werden in einer Krempelmaschine (erstes Ausrichten von losen Textilfasern) zu einem dünnen Vlies verarbeitet. Jede Schicht wird mit Phenolharzteilchen bestreut. Die verschiedenen Schichten werden in der „Legeanlage" übereinander gelegt. Dieses Vormaterial wird durch eine Druckwalze geführt und danach in Längs- und Querrichtungen passend geschnitten. Eine Lage Spezialpapier für die Innenseite wird zugeführt. Es verhindert das Ankleben an dem beheizten Gummistempel.

Nun beginnt der Pressvorgang. Das obere Teil der Formpresse besteht aus Hartgummi, das untere aus Stahl. Beide sind mit 180 Grad Celsius heißem Wasser beheizt. Der Pressvorgang mit Heizzeit und Abkühlung beträgt 8 Minuten. Die Temperatur und der Druck von 40 kg pro Quadratzentimeter verbindet dabei die Baumwolle mit dem Phenolharz und presst diese in seine endgültige Form.

Die Formteile konnten unproblematisch geschnitten werden.
Die Befestigung der Formteile erfolgte durch Kleben. Der Klebstoff dichtete gleichzeitig die Verbindung ab. An hochbelasteten Stellen wurden als Montagehilfe die Formteile auch angeschraubt.

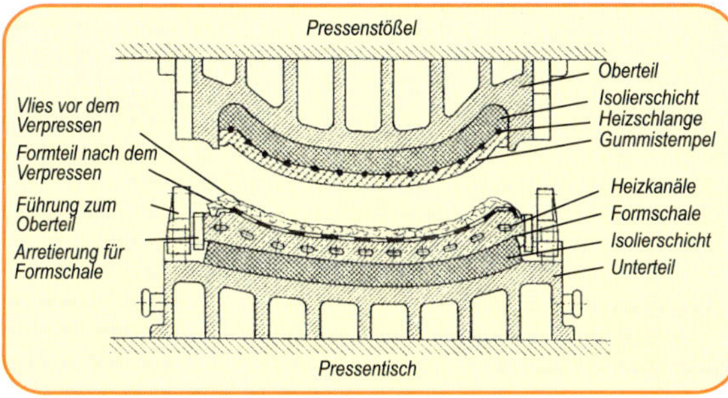

Das Duroplast ist weltweit mit mehr als 30 Patenten abgesichert.

Beispiele: 13.01.1953: Patent Nr. 11938
Presswerkzeuge für großflächige Pressstoffformteile

26.01.1954: Patent Nr. 12033
Verfahren zur Herstellung großflächiger Pressstoffformteile aus faserigem Füllmaterial

DEUTSCHE DEMOKRATISCHE REPUBLIK
AMT FÜR ERFINDUNGS- UND PATENTWESEN

PATENTSCHRIFT Nr. 17738

KLASSE 39a GRUPPE 19/06 AKTENZEICHEN WP 39a/46380

Ablegevorrichtung für Faserflore zur Herstellung großflächiger Preßstoff-Formteile aus einem faserigen Füllmaterial mit Kunstharz als Bindemittel

Erster Zusatz zum Patent 12033
Das Hauptpatent hat angefangen am 26. März 1954

Erfinder zugleich Inhaber: WOLFGANG BARTHEL, Zwickau; KURT LANG, Zwickau; WERNER REICHELT, Zwickau

Patentart: Deutsches Wirtschaftspatent

Patentiert in der Deutschen Demokratischen Republik ab 19. Dezember 1956

Tag der Ausgabe der Patentschrift: 21. Oktober 1959

Sagte ein liebevoller Ehemann zum Autohändler:
„Ich hätte gern einen schönen Wagen für meine Frau."
„Bedauere, mein Herr, wir machen keine Tauschgeschäfte."

Duroplast

Diese Neuentwicklung des Duroplastwerkstoffes führte am bestehenden PKW IFA F 9 in Eisenach zu keiner befriedigenden Lösung. Presswerkzeuge für die Kofferklappe und die Motorhaube aus Duroplast wurden gebaut. Die Anpassung der Kunststoffteile an die Blechkarosse war unter Serienbedingungen zu schwierig. Die vorgesehene Einführung wurde deshalb 1953 aufgegeben.

Hauptverwaltungsleiter Oberingenieur Kurt Lang sagte:
„Ein neues Auto mit kunststoffgerechter Außenbeplankung muss her!"

Ing. Dr. Werner Reichelt

Der Trabant ist weltweit das einzige Serienfahrzeug mit einer Kunststoffkarosserie.

Ein Mann stoppt seinen Trabi auf einer einsamen Waldlichtung und fragt seine Begleiterin: „Nun, wie wäre es jetzt mit einem kleinen Picknick?" „Gern", haucht die junge Dame, „aber zuerst möchte ich etwas essen."

Die aktuelle Trabi-Szene

King of the Road

Der Ministerratsbeschluss 36/53
Die Geburt des Ur-Trabant P 50

Bereits 1951 begann die Diskussion über einen neuen Kleinwagen, der den bisher gebauten Typ PKW IFA F 8 ablösen sollte. Nochmals verstärkt wurde dies durch den Mangel an Karosserieblechen vom Pkw IFA F 9 und den immer größer werdenden Bedarf an PKWs für die Bevölkerung.

Alle Diskussionen darüber, ob ein Kleinwagen oder eine dreirädrige Fahrmaschine die automobile Zukunft der DDR verkörpern sollte, entschied Oberingenieur Kurt Lang. Er plädierte für ein vollwertiges Auto, gedacht für eine Familie mit zwei Kindern.

International üblich waren zu dieser Zeit Kleinwagen und Fahrmaschinen.

Beispiele: der Messerschmidt-Kabinenroller,
die BMW-Isetta,
der Zündapp-Janus oder das
Goggomobil

BMW-Isetta

Ein Esel und ein Trabant treffen sich. „Nanu“, spricht der Vierbeiner, „was bist du denn?“ „Ein Auto“, antwortet das Fahrzeug. „Und du?“ „Ein Pferd.“ Da lachen beide, grüßen freundlich und ziehen ihres Weges.

Auf Grund der gravierenden Mangelwirtschaft kam es 1953 zu erheblichen politischen Unruhen in der Bevölkerung. Die Ereignisse des 17. Juni 1953 hatten gezeigt, dass die Bevölkerung mit der Aussicht, irgendwann einen gewissen Wohlstand zu erreichen, nicht zu begeistern war.

Im Zuge dieser Zeit gewann auch der PKW-Bau etwas an Oberwasser. Mit dem relativ schnell gefassten Ministerratsbeschluss Nr. 36/53 sollte die PKW-Produktion beschleunigt werden. Den Entwicklungsauftrag für einen neuen volksgerechten PKW-Typ erhielt das IFA-Forschungs- und Entwicklungswerk (FEW) in Chemnitz.

Ministerratsbeschluss Nr. 36/53 bestätigt: 14. Januar 1954

In dem Beschluss steht unter anderem:
„Die Produktion vom PKW unserer volkseigenen Industrie entspricht weder nach Menge noch nach Typen dem Bedarf der Bevölkerung und des Exports. Als Nachfolger für den Typ PKW IFA F 8 ist ein Kleinwagen mit folgenden Eigenschaften zu entwickeln:
- 2 Haupt- und 2 Nebensitze,
- Motor mit 500 ccm Hubraum,
- Gewicht maximal 600 kg,
- Kraftstoffverbrauch 5,5 l/100 km,
- Preis 4.000 M/DDR ab Werk...“.

Festgelegt wurde die Verwendung von Kunststoffen für die Karosserie und eine Entwicklungszeit von 18 Monaten.

In Umsetzung des Ministerratsbeschlusses begannen die Ingenieure sofort mit der Verwirklichung und bauten bereits im Jahre 1954 den ersten Versuchswagen.

An der Entwicklung waren vorrangig folgende Ingenieure beteiligt:

Leiter	Obering. Wilhelm Orth
Karosse	Ing. Otto Saidan
Motor/Fahrwerk	Ing. Paul Wittber
	Ing. Werner Pietzsch
Getriebe	Ing. Adolf Hahn
Kunststoffentwicklung	Ing. Wilhelm Ladewig
	Dipl.-Ing. Wolfgang Barthel
	Dr.-Ing. Werner Reichelt

Der neue Kleinwagen war entwickelt – **der PKW P 50** (P steht für Personenwagen und die 50 weist auf 500 ccm Hubraum hin).

Der PKW P 50 wurde später als Ur-P 50 bezeichnet. Er war die Grundlage für die Trabantentwicklung.

Im September 1954 wurde der Prototyp vorgestellt.

Motor:	Zweizylinder in Reihe, Zweitakt, Luftkühlung
Hubraum:	499 ccm
Leistung:	17 PS bei 3.750 U/min
Geschwindigkeit:	90 km/h
Verbrauch:	8 l/100 km

Alle Voraussetzungen für eine Serienproduktion wurden geschaffen.

Doch dann kam Mitte 1954 die Meldung:
„Die Lieferung des Werkzeugsatzes für die PKW P 50-Plattform und das Karosseriegerippe kann vom VEB Formbau Schwarzenberg nicht planmäßig geliefert werden und wird auf das Jahr 1956 und eventuell noch später verschoben".

Priorität hatten:

1. Die Exportverpflichtungen zur Herstellung der Werkzeugsätze für den VW Käfer,
2. Die Herstellung der Werkzeugsätze für den PKW P 240 (siehe 240er Sachsenring) und
3. Die Umstellung des IFA F 9 auf den neuen PKW-Typ „Wartburg 311“.

Was nun in Zwickau?

Für die Gesamtsituation des Automobilbaus in Zwickau sowie für die neue Idee der Fertigung eines Kunststoffautos wurde eine Verschiebung der Serienproduktion auf das Jahr 1956 als nicht tragbar eingeschätzt.

Im Kraftfahrzeugwerk Audi-Zwickau wurde immer noch der PKW IFA F 8 mit Holzkarosse und Kunstleder-bespannung gebaut.

Heimlich und in einem „Schwarzbau“ wurde eine neue Idee geboren.

Kennen Sie den Unterschied zwischen einem Trabi und einem Düsenjäger?
Den Düsenjäger sieht man, bevor man ihn hört.
Den Trabi hört man, bevor man ihn sieht.

Fragt der Trabi-Fahrer:
„Möchten Sie einen Kaffee haben?" Sagt der Benz-Fahrer:
„Was, Sie haben eine Kaffeemaschine eingebaut in ihrem Trabi?"
„Na klar, alles serienmäßig!" Das kann der Benzfahrer nicht glauben und sie vereinbaren, sich in 2 Wochen wiederzutreffen.
Nach 2 Wochen fragt der Benz-Fahrer nun: „Wollen Sie einen Kaffee von mir haben?" „Ach nein", sagt der Trabifahrer, „ ich trinke heute lieber Cappuccino!" „Das gibt's doch nicht.", sagt der Benz-Fahrer, „Ich habe ein Auto für mehr als 50.000 Euro und dennoch weniger Extras als der Trabi!" Sie vereinbaren einen neuen Termin in zwei Wochen. Nach zwei Wochen nun geht der Benz-Fahrer zum Trabi und klopft an die Scheibe. Alles beschlagen. Er fragt:
„Wollen Sie einen Cappuccino von mir?"
„Moment", sagt der Trabi-Fahrer, „ich dusche gerade!"

Der Ur-Trabant

Ein Trabi und ein
Mercedesfahrer stoßen
zusammen und warten auf die Polizei.
Der Trabifahrer zieht aus der Tasche
einen Flachmann und meint:
„Nehmen Sie nach der Aufregung erst mal
einen Schluck." Der Mercedesfahrer trinkt
und fragt dann den Spender: „Na,
und Sie haben keinen Schluck nötig?"
„Doch, natürlich, aber erst nach der Blutprobe..."

Die aktuelle Trabi-Szene

Der Trabant

Dein Freund und Helfer

Die heimliche Schwarzentwicklung – der PKW P 70

Mit der Entscheidung, den Kleinwagen P 50 (Ur-P 50) erst 1956 oder noch später in Serienfertigung zu geben, wäre ein erheblicher Zeitverlust für die Entwicklung und Einführung des neuen Kunststoffautos entstanden. In einem äußerst geheimen „Schwarzbau" fanden die Ingenieure eine schnelle Lösung. Grundlage war der vorhandene PKW F 8.

Die Idee war:

- Nutzung des alten F 8-Fahrwerkes,
- Drehung des Motors um 180 Grad,
- Verkürzung des Radstandes um 22 cm und
- Beplankung der Holzkarosse mit den Kunststoffteilen des Ur-P 50. Die Tür- und Dachpressteile mussten jedoch 100 mm länger sein.

Einen großen Anteil an dieser „Schwarz"-Entwicklung hatten der damalige Betriebsdirektor der Audi-Werke, Ing. Heinz Probsthahn, sein Technischer Direktor Dr. Winfried Sonntag und der Beauftragte für den Einsatz der Kunststoffkarosserie Oberingeneur Kurt Lang.

Ein Mädchen fährt per Anhalter in die Ferien.
In ihrem Tagebuch ist folgendes zu lesen:
10 Juli: Heute 100 km mit einem VW gefahren.
Am Ende der Fahrt wurde Fahrer zudringlich.
Bin ausgestiegen und den Rest zu Fuß gegangen.
Die Beine sind doch die besten Freunde.
11 Juli: Mit einem Opel-Fahrer ein schönes Stück weitergekommen. Lud mich zum Essen ein.
Verlangte Gegenleistung. Bin ausgestiegen.
Die Beine sind doch die besten Freunde.
13 Juli: Mit einem netten Jungen im Trabi gefahren.
Bin nicht ausgestiegen. Auch die besten Freunde gehen einmal auseinander.

Die Türpressformen des Ur-P 50 wurden heimlich um 100 mm verlängert. Kontrollen wurden mit fehlenden Erfahrungen über das Schrumpfverhalten des neuen Kunststoffes getäuscht.

Im Vergleich zur Erstvorstellung des Ur-P 50 im September 1954 war jetzt ein in der Form gleiches, aber um 100 mm längeres Fahrzeug mit den gleichen Kunststoffteilen entstanden. Der PKW erhielt die offizielle Bezeichnung P 70 (P steht für Personenwagen und 70 für 700 ccm Hubraum).

Die konstruktiven Anpassungen der Tür- und Dachverlängerung und ein abgeändertes Heckteil betreute der ehemalige Chefkonstrukteur für Karosserien der Auto-Union, Albert Locke persönlich. Ihm zur Seite standen Ing. Oskar Beyer und Ing. Rudi Wagner.

Mit 5 Versuchs- und 3 Testfahrzeugen lief die Erprobung über eine Distanz von 50 Tkm sehr erfolgreich. Fahr- und Triebwerk waren vom F 8 ausreichend erprobt, nur die Karosserie war neu.

Technische Daten:

- Zweizylinderzweitaktmotor mit Dreikanalumkehrspülung
- Hubraum: 690 ccm
- Thermosyphonkühlung
- Dreiganggetriebe mit Freilauf
- Ausgleichsgetriebe: Stirnraddifferential
- Radaufhängung: wartungsfreie Einzelradaufhängung vorne und Schwebeachse hinten
- Mechanische Duplex-Vierradbremse
- Geschwindigkeit: 90 km/h (Limousine/ Kombi) und 100 km/h (Coupè)
- Verbrauch: 6 - 8 Liter Gemisch 1:25
- Lehrgewicht: 800 kg

Ausführungen:

- Limousine (Standard):	9.250 M/DDR
- Limousine Typ „Zwickau“ mit Schiebedach:	9.650 M/DDR
- Kombi „Tourist“:	9.900 M/DDR
- Coupè:	11.700 M/DDR

Die Nullserie des PKW P 70 lief im April 1955 an. Es wurden 150 Fahrzeuge gebaut. Die Produktion begann am 1. Juli 1955.
Noch im gleichen Jahr wurden 2.193 Fahrzeuge gebaut.

P 70

Das Fahrzeug war eine Hauptattraktion auf der Herbstmesse 1955 in Leipzig.

Durch die persönliche Zusage von Kurt Lang, noch im Jahr 1955 2.000 Wagen auf den Markt zu bringen, entgingen die Beteiligten der „Schwarzentwicklung“ einem Disziplinarverfahren.

Doch mit Beginn der Serienproduktion mussten erhebliche Probleme in der Fertigung großflächiger Kunststoffteile gemeistert werden. Thermisch hochbelastete Pressformen und geeignete Klebstoffe bedurften ebenfalls einer Neuentwicklung.

Eine der zahlreichen Anfangsprobleme war das „Aufblühen“ der Duroplast-Teile, welches durch quellfähige Kapselteile der Baumwollsamen hervorgerufen wurde. Im Volksmund hieß es: „die Karosse blüht“. Erst durch einen Kochvorgang, der für die Deckschicht verwendeten Baumwolle konnte das Problem abgestellt werden.

Lackverfärbungen entstanden durch das anfangs verwendete stark alkalische Phenolharz. Der verwendete Farbstoff „Miloriblau“ schlug auf braun um.

Der Duroplast-Werkstoff erwies sich als äußerst günstig für Verklebungen nach Unfallschäden. Reparaturen konnten damit durch das Einsetzen oder Aufkleben von Teilstücken oder Metallverstärkungen gut ausgeführt werden.

Ohne den P 70 mit seinem leicht veränderbaren Karosserieskelett aus Holz, die wertvollen Erkenntnisse bei der Karosserieentwicklung sowie den umfangreichen Erkenntnissen mit dem Kunststoffmaterial „Duroplast“ wäre wohl der PKW P 50 in der 2. Etappe (später Trabant) nicht zur Serienproduktion gekommen.

P 70

Ein Quizmaster fragt:
„Wer ist der höflichste Autofahrer?“
„Der Geisterfahrer, er ist so entgegenkommend!“

Bis 1959 wurden insgesamt 36.151 PKW P 70 (alle Ausführungen – Kombi und Coupè) produziert, davon:

1955	2.193 Stück
1956	8.095 Stück
1957	10.893 Stück
1958	11.466 Stück
1959	3.504 Stück
Gesamt:	**36.151 Stück**

Limousine:	1955 - Juni 1959	
Kombi:	1956 - Juni 1959	
Coupè:	1957 - Juni 1959	ca. 2.000 Fahrzeuge

Am 31.12.1970 wurde offiziell die Ersatzteilproduktion für den P 70 eingestellt.

Der erste Mittelklassewagen – der PKW P 240

Der Ministerratsbeschluss 36/53 vom 14. Januar 1954, als Auslöser der „Trabant“-Entwicklung, enthielt auch Festlegungen für die Entwicklung eines Mittelklasse-PKW. Es entstand der Horch „P 240“, später mit dem Namen „Sachsenring“. Bereits am 19. Januar, fünf Tage nach dem Ministerratsbeschluss 36/53, begann die Entwicklung.

Motor:	Sechszylinder in Reihe
Hubraum:	2.407 ccm
Leistung:	80 PS bei 4.250 U/min
Geschwindigkeit:	140 km/h
Verbrauch:	15 l/100km
Preis:	27.500 M/DDR
Bauzeit:	1955 - 1959
Produktion:	1.382 Wagen

Der PKW Horch P 240 war vorrangig für den Export, die Regierung und für die Bevölkerung der Mittelschicht der DDR vorgesehen.

Hauptverantwortlicher für die Entwicklung des P 240 war der Technische Leiter von Horch, Dr. Werner Lang.

Dr. Werner Lang

Zu Ehren des Geburtstages von Walter Ulbricht (1. Sekretär der SED) am 29. Juni 1954 sollte das erste Musterfahrzeug vorgestellt werden. Doch bei Filmaufnahmen, in Vorbereitung zur Präsentation, erlitt das erste Fahrwerk am 23. Juni einen Totalschaden.

Die Reparatur und Montage der Karosserie erfolgte in nur drei Tagen.

P 240-Unfallwagen

Eine kontinuierliche Produktionsaufnahme war aufgrund der ständigen Einflussnahme und der Entscheidungsverweigerung durch das Ministerium für Maschinenbau nicht gegeben. Oftmals fehlten bereits zugesagte Investitionsmittel. Erst am 27. August 1957 erfolgte die Freigabe zur Serienproduktion.

Die hohen Investitionsmittel für zwei Autos aus Zwickau, den Kleinwagen P 50 und den Mittelklassewagen P 240 waren nicht vorhanden. Somit wurden alle Investitionen dem neuen Volkswagen P 50 aus Kunststoff zugeteilt.

Am 30. September 1958 erfolgte die Anweisung, sämtliche Entwicklungsarbeiten am P 240 einzustellen.
Bis 1959 wurden 1.382 Fahrzeuge hergestellt.

Varianten des PKW Horch P 240 waren:

- Limousinen,
- Kombifahrzeuge für Film- und Sportaufnahmen und
- Cabrios.

1958 begann die Serienproduktion des sowjetischen oberen Mittelklassewagen „Wolga-GAZ 21".
Die Produktion war wesentlich preisgünstiger und in größeren Stückzahlen vorgesehen.

Im Herbst 1958 erfolgte noch die Auslieferung von einigen Sonderausführungen:

- 1 Wagen mit Schiebevolldach und
- 10 Wagen speziell für die Staatssicherheit:
  Ausstattung:
  Rückfenster mit undurchsichtigen Gardinen, UKW-Funk-Sprechanlage, zweite Lichtmaschine und Spezialhalterungen an den Vordersitzlehnen.

„Hören Sie", sagt der Polizist. „ihr Auto hat ja gar keinen Tachometer, wie wollen Sie da wissen, wie schnell Sie fahren?"
„Ganz einfach", erklärt der Fahrer, „bei dreißig Stundenkilometern zittern die Stoßstangen, bei fünfzig die Türen, und bei siebzig fange ich an zu zittern!"

Die Nationale Volksarmee (NVA) erhielt nach 1969 zwei Paradefahrzeuge: der Sachsenring P 240 „Repräsentant“.

Motor:	Sechszylinder in Reihe
Hubraum:	2.407 ccm
Leistung:	80 PS bei 4.250 U/min
Bauzeit:	1969
Produktion:	2 Wagen

Lange Zeit nachdem der Sachsenring P 240 sein Produktionsende erlebt hatte, kam er noch zu späten Ehren. Im Musterbau des VEB Sachsenring Automobilwerke Zwickau sind zwei Fahrgestelle als Paradefahrzeuge der NVA mit Sonderaufbauten versehen worden.

Die Karosserien bestanden aus Polyester-Kunstharz und waren sehr glattflächig und einfach gestaltet. Die Wagen waren bis 1989 im Dienst.

Letzter Einsatz: 7. Oktober 1989 - Ehrenparade der NVA zum Jahrestag der DDR.

Karl-Heinz Brückner

Ein Trabi fährt bei Rot
und wird von einer Polizistin
angehalten. Der Trabifahrer
kurbelt das Fenster runter und fragt:
„Wie viel?"
„30 Euro" erwidert die Polizistin.
Darauf der Trabifahrer: „O.k., steig ein!"

Der Kübel

offen und ...

ehrlich

Die aktuelle Trabi-Szene

2. Das erste Leben des Trabant P 50

Die ersten Jahre des P 50

Das große positive Echo des PKW P 70 ließ in Regierungskreisen das Interesse am PKW P 50 schwinden.

Trotz des Beschlusses vom 14. Januar 1954 durch das Präsidium des DDR-Ministerrates, den Kleinwagen P 50 zu bauen, hoffte man in Berlin die erforderlichen, erheblichen Investitionen auf die lange Bank schieben zu können.

Die Verschleppungstaktik der Staatsorgane war gigantisch und zeichnete sich durch ständig neue Forderungen, wie die Erarbeitung von Material- und Bearbeitungsvorschriften, die Ausarbeitung und Fixierung von Kontingenten sowie die Ermittlung von Kapazitäten und deren Nutzung aus.

Anmerkung:
Zusätzlich mussten von den Automobilwerkern ständig neue sinnlose Vorschläge, wie z. B. den PKW P 70 mit einem Motor des PKW F 9 auszustatten,als zu kostenaufwändige Produktionsumstellungen zurückgewiesen werden.

Der Pannenhelfer zum Trabantfahrer: „Klarer Fall. Sie sind zu schnell gefahren. Und dabei hat der Wind die Zündkerzen ausgeblasen."

Ein Brief an den Minister Wunderlich (Ministerium für Maschinenbau) durch den damaligen Technischen Direktor Dr. Winfried Sonntag belegte den Unmut über die Verzögerungstaktik und die Unsicherheit zur Bereitstellung von Investitionsmitteln.

Auszüge aus dem Brief von Dr. Winfried Sonntag an den Minister für Allgemeinen Maschinenbau:

„...Ein großer Irrtum besteht darin zu glauben, dass unsere Techniker und Ingenieure allein durch eine gute Gehaltszahlung befriedigt werden können, während andererseits durch bürokratische Unschlüssigkeit und die sich daraus ergebende Verzögerung die wirklichen Erfolge ihrer Arbeit ausbleiben..."

Erst durch den Druck der Automobilwerke, von unten nach oben, erfolgte beim SED-Politbüro der Beschluss, die Serienproduktion zu sichern.

Damit begann die II. Etappe der PKW P 50-Entwicklung.

Die bereits vorhandene Karosseriekonstruktion des Ur-P 50 wurde im Februar 1956 durch den Konstrukteur Ing. Walter Ende völlig neu konzipiert. Trieb- und Fahrwerk wurden von der Ur-P 50 Version übernommen.

Das Forschungs- und Entwicklungswerk (FEW) entwickelte den ersten Prototypen des Ur-P 50 und richtete sich genau nach den Ministerratsvorgaben. Das Automobilwerk (AWZ), als ausersehener Produktionsbetrieb, entwickelte 1956 eine neue Karosserie entsprechend dem internationalen Stand und aus den Erfahrungen der P 70-Produktion.

Das erste Funktionsmuster für Walter Ulbrich

P 50

Am 23.10.1956, bereits 9 Monate nach Konstruktionsbeginn, wurde der Prototyp des neuen PKW P 50 vorgestellt.

P 50 Trabant
Limousine, 1958

Motor:	Zweizylinder in Reihe Zweitakt, Luftkühlung
Hubraum:	499 ccm
Leistung:	17 PS bei 3.750 U/min
Geschwindigkeit:	90 km/h
Verbrauch:	8 l/100 km
Preis:	7.450 M/DDR
Bauzeit:	1958 - 1962
Produktion:	131.450 Limousinen

Technische Daten:

Zweizylinderzweitaktmotor

Hubraum: 499 ccm

Leistung: 17 PS	Typ P 50	(1957)
20 PS	Typ P 50/1	(10/1959)
20 PS	Typ P 50/2	(6/1962)
Mischverhältnis:	M 1:25	(P 50)
	M 1:33	(P 50/1 - P 50/2)
Vergaser:	H 261-0	(P 50)
	28 HB 1 - 1/1 - 1	(P 50/1)
	28 HB 2 - 1	(P 50/2)
Zündkerzen:	M 18 x 1,5 - 255	
Bordspannung:	6 Volt	
Tankfassungsvermögen:	24 Liter	
Geschwindigkeit:	80 - 95 km/h	
Verbrauch:	8 l/100 km	

Ausführungen:

P 50 Limousine	7.450 M/DDR (1959)
P 50 Limousine	7.850 M/DDR (1960)
P 50 Limousine Sonderwunsch	8.050 M/DDR (1960)
P 50 Limousine Luxus	8.300 M/DDR (1960)

Produktion:

P50	Limousine Standard	1957 - 1962	67.445 Stück
	Limousine Sonderwunsch	1959	1.299 Stück
	Limousine Sonderausführung	1959 - 1962	29.317 Stück
P50/2	Limousine Standard	1962	14.265 Stück
	Limousine Sonderausführung	1962	7.551 Stück

Produktionsauslauf am 15. Oktober 1962

Bis zum Beginn der Nullserie vergingen insgesamt nur eineinhalb Jahre. Diese Zeit wurde benötigt, um die Serienproduktion vorzubereiten.

offizielle Motorangaben

Am 25. Juli 1957 wurde die Nullserie für den Motor begonnen.

17 PS/3.750 U/min
4.1 mkp bei 2.750 U/min
340 g/PSh Kraftstoffverbrauch bei Volllast

Die Höchstgeschwindigkeit wurde mit 90 km/h angegeben, wobei eine Dauergeschwindigkeit von 80 km/h vorteilhafter für Mobil und Person war.

Der Trabant wird jetzt mit zwei Auspuffrohren ausgeliefert. Warum? Wenn er kaputt geht, kommen hinten zwei Stangen rein, und man kann ihn noch als Schubkarre benutzen!

Alle Kunststoffteile aus Duroplast wurden durch die Spezialisten Dipl.-Ing. Barthel und Dr.-Ing. Reichelt neu konzipiert. Grundlage dazu waren die guten Erfahrungen und das Wissen aus der Produktion des PKW P 70.

Am 7. November 1957 ging der Wagen in die Nullserie. Das war die Geburtsstunde des zukünftigen Volkswagens der DDR-Bürger, dem späteren „Trabant".

Die Ereignisse überschlugen sich:

07. November	1957	Beginn der Nullserie
25. November	1957	Namensgebung „Trabant"
01. Mai	1958	Zusammenlegung der Autowerke in Zwickau zu „Sachsenring Automobilwerke Zwickau"
10. Juli	1958	Beginn der Vor-Serienproduktion mit 150 Fahrzeugen
01. September	1958	Beginn der Serienproduktion

Dr. Winfried Sonntag

Seit 1949	Konstrukteur bei Horch
1954	Technischer Direktor Werk Audi
1958	Technischer Direktor VEB Sachsenring Automobilwerke Zwickau
1963	Direktor VEB WTZ (Wissenschaftlich-Technisches Zentrum Automobilbau)
1968 - 1978	Generaldirektor VVB Automobilbau (Vereinigung Volkseigene Betriebe Automobilbau)
danach	Direktor der WTZ
1984 - 1991	Auftragsleiter für das Projekt VW-Motor

Faustregel:
Wenn ein Mann seiner Frau
die Wagentür öffnet,
ist entweder der Wagen neu
oder die Frau.

Die Namenstaufe zum „Trabant“

Im Herbst 1956 wurde die Belegschaft der VEB Automobilwerke Zwickau (AZW) in der Betriebszeitung „Zündkerze“ zu einem Wettbewerb, zur Namensgebung für den neuen Kleinwagen P 50, aufgerufen.

Am 25. November 1957 wurde in der Ausgabe 31/1957 die Entscheidung dazu verkündet.

Der P 50 erhielt den Namen **„Trabant“** – der Begleiter (aus dem Slawischen).

Die Idee dazu hatte der Gebrauchsgrafiker Herbert Mothes, Mitarbeiter der damaligen betriebseigenen Werbeabteilung „Sichtwerbung“.

Inspiriert wurde Herbert Mothes bei der Namensfindung durch den 1. Start eines künstlichen Erdtrabanten der Sowjetunion am 4. Oktober 1957. Er ging als „Sputnik“ in die Raumfahrtgeschichte ein und umkreiste als Begleiter die Erde.

Die Zündkerze

Betriebszeitung der Belegschaft des VEB Automobilwerk AWZ, Zwickau

6. Jahrgang Nr. 31

Organ der Betriebsparteiorganisation der SED

25. November 1957

„Trabant" ist unsere Zukunft

Null-Serie des Kleinwagens ist angelaufen

Nachdem am 7. November 1957, dem 40. Jahrestag der Großen Sozialistischen Oktoberrevolution, im Meisterbereich Flechsig — Fertigungsbereich II — die erste Karosserie der Null-Serie des neuen Kleinwagens fertiggestellt war, wurde uns bereits fünf Tage später, zur ökonomischen Konferenz am 12. November 1957, der erste Wagen in einer weinroten Farbe vorgestellt. Insgesamt 50 Stück werden noch in diesem Jahr unser Werk verlassen.

SACHSENRING Kleinwagen Trabant
Limousine (Sonderausführung, dreifarbig)

Der Polizist hält Frau Müller an und macht sie darauf aufmerksam, dass an ihrem Trabi kein Licht brennt. Frau Müller ist recht ratlos: „Dabei habe ich doch gestern noch alle Kerzen auswechseln lassen!"

Die Gründung zum „Sachsenring“

Am 1. Mai 1958 erfolgte die Zusammenlegung der beiden Automobilwerke: 1. VEB Automobilwerk Zwickau (ehemals Audi) und 2. VEB Sachsenring Kraftfahrzeuge und Motorwerk Zwickau (ehemals Horch) zum **VEB Sachsenring Automobilwerke Zwickau.**

Aus der Geschichte

Kraftfahrzeugwerk Audi

Namen:	bis 1945	Auto Union AG Werk Audi
	1.1.1946	Sächsische Aufbauwerke GmbH Werk Audi
	1.7.1946	Industrieverwaltung Fahrzeugbau Werk Audi
	1.9.1948	IFA Vereinigung Volkseigene Fahrzeugwerke Audi
	1952	IFA Kraftfahrzeugwerk Audi, VEB
	1953	VEB Kraftfahrzeugwerke Audi
	1.1.1955	VEB Automobilwerk AWZ
	Belegschaft:	2.477 Mitarbeiter (1957)

Fahrzeug-Typ:

PKW	F 8 Hauben	1953 - 1956	8.614 Fahrzeuge
LKW	H 3A Türen/Rückwand	1954 - 1956	ca. 4.000 Fahrzeuge
PKW	IFA F 8	1949 - 1955	25.028 Fahrzeuge
PKW	IFA F 9	1949 - 1953	1.627 Fahrzeuge
PKW	P 70/P 70-Kombi	1955 - 1959	36.151 Fahrzeuge
PKW	P 50	1957	50 Fahrzeuge

Kraftfahrzeugwerk Horch

Namen:	bis 1945	Auto Union AG Werk Horch
	1.1.1946	Sächsische Aufbauwerke GmbH Werk Horch
	1.7.1946	Industrieverwaltung Fahrzeugbau Werk Horch
	1.9.1948	IFA Vereinigung Volkseig. Fahrzeugwerke Horch
	1952	IFA Kraftfahrzeugwerk Horch VEB
	1953	VEB Kraftfahrzeugwerk Horch
	1.1.1955	VEB Sachsenring Kraftfahrzeug- und Motorenwerk
	Belegschaft:	8.000 Mitarbeiter (1957)

Fahrzeug-Typ:

Traktor	Pionier	1949 - 1950	2.605 Fahrzeuge
LKW	H 3	1947	852 Fahrzeuge
LKW	H 3A	1950 - 1959	30.747 Fahrzeuge
Bus	H 3B	1952 - 1953	230 Fahrzeuge
Zugm.	Z 3	1952 - 1953	50 Fahrzeuge
LKW	S 4000	1958 - 1959	1.819 Fahrzeuge
LKW	S 4000/1/z	1958 - 1959	3.458 Fahrzeuge
PKW	P 240	1955 - 1959	1.382 Fahrzeuge

Ziel der Zusammenlegung war die notwendige Konzentration auf die Serienproduktion des P 50.

Betriebsdirektor wurde Ing. Herbert Uhlmann, Technischer Direktor Dr. Winfried Sonntag und Chefkonstrukteur Dr. Werner Lang.

Der neue Großbetrieb hatte nunmehr 4 Werkteile. Die Produktion des Trabant verteilte sich auf:

Werk I (vormals Horch) Bodengruppe, Gerippefertigung und Getriebebau

Werk II (vormals Audi) Fahrwerkbau und Fahrzeugmontage Fahrwerkteile

Werk III Duroplastfertigung, Beplankung und Lackierung

Werk IV Forschung und Entwicklung

Im Herbst 1956 erfolgte die Ausschreibung für ein neues Automobilwarenzeichen.

Teilnehmende Grafiker waren:
Prof. Klaus Wittkugel aus Berlin,
Peter Paul Weiß aus Berlin,
Herbert Prügel aus Berlin und
Siegfried Kraft aus Erfurt.

Am 10. April 1957 entschied sich die Jury aufgrund der eleganten, ausgeglichenen Form für den „Prügel-Entwurf“: dem „S“ für Sachsenring.

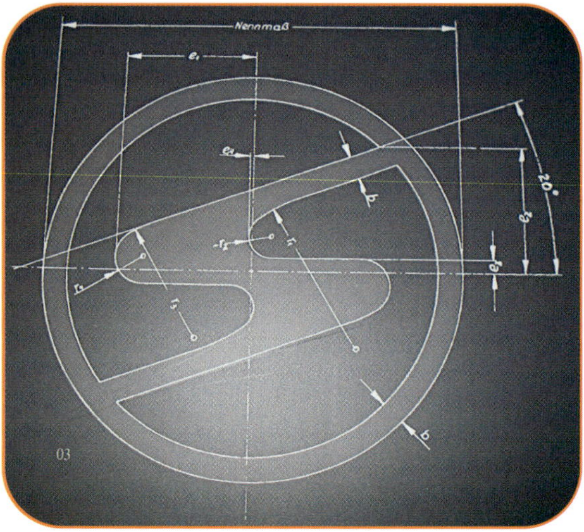

Bis zur Wiedervereinigung Deutschlands war der Name „Sachsenring" immer mit den Namen „Trabant" verbunden. Es war eine Ehe für einen sehr langen Zeitraum.

Die im Juli 1990 gegründete Sachsenring Automobilwerk GmbH versuchte noch ein Jahr lang erfolglos den Trabant 1.1 zu verkaufen. Am 30. April 1991 beschloss die Treuhand-Anstalt die Liquidierung bis Dezember 1993.

Letzter Entwicklungsstand 2006

Das Stammwerk in Zwickau mit noch 170 Angestellten wurde durch die HQM-Gruppe (Automobilzulieferer) aus Leipzig übernommen. Erfolg verspricht sich die Firma durch den hohen Bekanntheitsgrad der Marke „Sachsenring" sowie den gut ausgebildeten und traditionell verbundenen Mitarbeitern aus Zwickau.

P 50

Ein Kleinwagen von Format

Am 10. Juli 1958 begann die Serienproduktion.
Die Entwicklungskosten beliefen sich auf 5,4 Mio. M/DDR.

Verkaufspreis:
Der in der Ministerratsbeschluss-Vorgabe angedachte Preis von rund 4.000 M/DDR konnte zu keiner Zeit umgesetzt werden. Für 7.450 M/DDR wurden die ersten P 50 an die Kunden verkauft.

Auf der Leipziger Herbstmesse 1958 sorgte der neue P 50 mit seiner Karosse für große Aufmerksamkeit und Zustimmung.

Mitternacht auf dem Friedhof. Zwei befreundete Skelette, Heinz und Harry, wollen eineTrabitour unternehmen. Heinz hat den Trabi schon gestartet, da rennt Harry zurück zu seiner Grabstätte und wuchtet seinen Grabstein in den Kofferraum. Heinz fragt verblüfft: „Was soll denn das?" Antwortet Harry: „Ich fahre doch nicht ohne Papiere!"

Der kleine „Runde“ aus Zwickau befindet sich auf der Höhe der Zeit. Die so genannte „Pontonform“ bezeichnend durch die überwiegend abgerundeten Formen an den Kotflügeln, der Motorhaube, sowie der Kofferraumklappe und dem Dach überzeugten.

Trotz alledem waren Schwierigkeiten in der neuen Außenformgestaltung zu bemerken. Der aktuelle Zeitgeschmack entsprach zwar einer neuen flachen Seitenformgestaltung, doch gegenüber der bewährten runden Form am P 70 unterschätzte man die neue Form. Sie war Ursache von Wellenbildungen an Türen und Hinterkotflügeln. Diese Mängel wurden nie richtig behoben.

Die Motorhaube sowie die Kofferraumklappe reichen fast bis zur Stoßstange. Das gewährt eine gute Zugänglichkeit.

Der Trabant bot im Prinzip das, was sich eine Familie von einem Volkswagen 1958 erhoffte. Das Platzangebot war gut abgestimmt.

92 Zentimeter waren von der Sitzfläche bis zum Dachhimmel vorhanden. 4 Personen hatten ausreichend Platz.
Die einstigen Vorgaben nach zwei Nebenplätzen als Notsitze auf der Rückbank wurden zum Glück außer Acht gelassen.

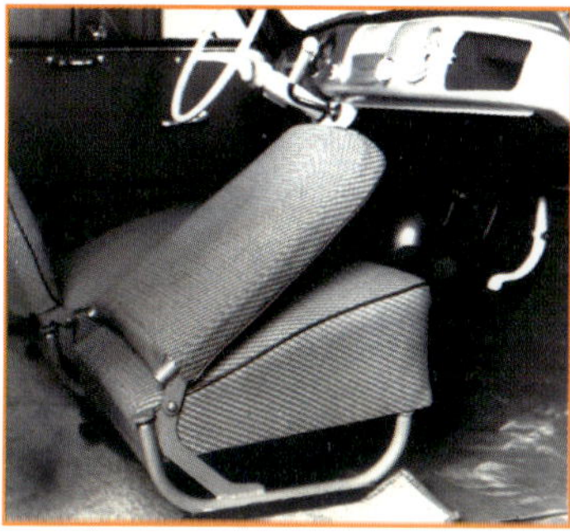

Die Türen waren ausreichend groß und der Beifahrersitz ließ sich komplikationslos zusammenklappen und nach vorn legen. So vollzog sich der Einstieg auch nach hinten unproblematisch.

Karikatur - Heini Scheffler - Zwickau

Der ca. 400 Liter fassende Kofferraum und seine gute Zugänglichkeit waren große Vorzüge.

Farbgestaltung:

Der aufwendige Transport zwischen den einzelnen Werkhallen und auf den öffentlichen Straßen führte zu unvermeidlichen Beschädigungen der lackierten Karosserie. Die vielen Schäden zwangen zu leicht ausbesserbaren, also hochpigmentierten Farben. So entstand die relativ schmale Farbpalette mit grauen pigmentreichen Farben und ihren Abwandlungen von graugrün bis graublau.

Farbpalette: Limousine – Außenlack/Polster/Himmel

Jahr	Außenlack	Polster/Innenschlag	Himmel	Preis
1957	Hellrot, Blaugrau	Grau		
1958	Bananengelb Blaugrau Aeroblau Hellrot	Grau		
1959	Standard und Sonderwunsch	einfarbig		
	Azurblau; Silbergrau	Grau	Grau	
	Meergrün	Grau	Grau	
	Bananengelb	Rot	Beige	
	Lindgrün	Beige	Beige	
	Creme	Beige	Beige	8.360 M/DDR
	Sonderwunsch zweifarbig			
	Venezianisch/Creme	Beige	Beige	
	Lichtblau/Silbergrau	Grau	Grau	
	Lindgrün/Creme	Beige	Beige	8.400 M/DDR
	Sonderwunsch dreifarbig			
	Lindgrün/Schwarz/Creme	Grün	Grau	8.470 M/DDR

Alle Sonderwunsch-Trabis mit geschwungener Seitenzierleiste.
Alle Sonderwunsch-Trabis dreifarbig hinten mit doppelter Zierleiste.

Gerichtsverhandlung nach einem Autounfall.
Der Anwalt des schuldigen Fahrers fragt den Kläger: „Ist es richtig, dass Sie nach dem Unfall meinem Mandanten erklärt haben, Sie seien nicht verletzt?"
„Natürlich habe ich das gesagt", gibt der Kläger zu, „aber dazu müssen Sie wissen, wie sich das Ganze abgespielt hat. Also, ich trabe mit meinem Pferd ruhig die Straße entlang. Da kommt das Auto angerast und befördert uns in den Graben. Der Fahrer steigt aus, kommt auf uns zu und sieht, dass mein Pferd sich ein Bein gebrochen hat. Darauf murmelt er was von „verletzt", zieht eine Pistole und erschießt das arme Tier.
Danach sieht er mich an und fragt: „Sind Sie auch verletzt?"
„Nun frage ich Sie, Herr Rechtsanwalt, was hätten Sie geantwortet?"

Für die damalige Zeit hatte der P 50 eine vollwertige, aber auch sehr spartanische Ausstattung.

Schiebefenster und kleine Ausstellscheiben sorgten für die Belüftung. Die Armaturentafel bestand aus einem Rundinstrument (dem Tachometer) für die Geschwindigkeit. Blinklicht und Hupe wurden über einen Lenkradhebel bedient. Zwei Zugschalter waren für Licht und Scheibenwischer vorhanden. Die beiden Bowdenzüge waren für die Heizung und Defrosteranlage. Zur Entriegelung der Kofferraumklappe befand sich ein Druckknopf im Türrahmen.

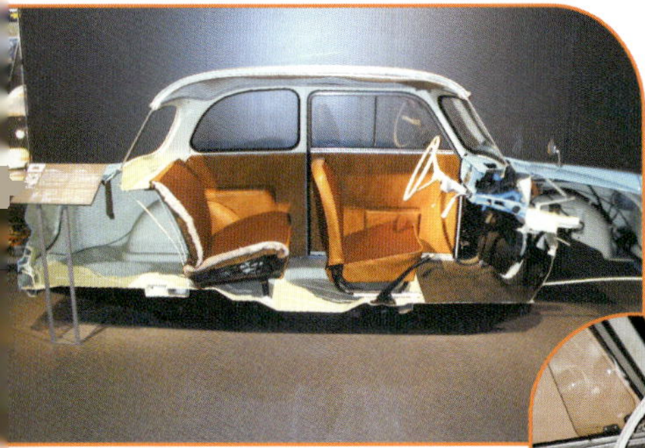

„Das Benzin ist alle“,
sagt ein junger Trabifahrer zu
seiner hübschen Mitfahrerin und stoppt
den Wagen auf einem einsamen Feldweg.
„Oh“, murmelt sie, öffnet ihre Tasche und holt
ein Fläschchen heraus. „Was ist da drin?
Weinbrand?“ fragt er hoffnungsvoll.
Antwortet sie: „Nein, Benzin.“

DRK

Duroplast-Rettungs-Kapsel

Die aktuelle Trabi-Szene

Im Laufe der Zeit führten viele individuelle Rationalisierungsmaßnahmen zu einem beachtlichen Produktionsanstieg.

Produktionszahlen Trabant P 50

Typ/Ausführung	1957	1958	1959	1960	1961	1962	Gesamt
P 50							
Limousine Standard	50	1.750	15.095	22.324	22.065	6.161	67.445
Limousine Sonderausf.			3.500	10.024	13.015	2.778	29.317
Limousine Sonderwunsch			1.229				1.229
Kombi Standard inkl. Camping/ Lieferwagen		10	216	2.922	4.250	1.061	8.459
P 50/2							
Limousine Standard						14.265	14.265
Limousine Sonderausf.						7.551	7.551
Kombi Standard inkl. Camping/ Lieferwagen						3.184	3.184
Gesamt	**50**	**1.760**	**20.040**	**35.270**	**39.330**	**35.000**	**131.450**

Weiterentwicklung des P 50

1959 - Einführung serienmäßig Außenspiegel,
- geänderte Seiten-Zierleistenführung

Neu **Trabant P 50/1**
- Bugverzierung „S“ als Haubengriff,
- Bodenwanne (Schürze) über die gesamte Fahrzeugbreite,
- Motor mit 20 PS und Alfer-Zylindern

P 50/1 Trabant
Limousine, Schnittmodell 1960

Motor:	Zweizylinder in Reihe
Hubraum:	499 ccm
Leistung:	20 PS bei 3.900 U/min
Geschwindigkeit:	95 km/h
Verbrauch:	8 l/100km
Preis:	8.440 M/DDR Sonderwunsch
Bauzeit:	P50/1 1959 - 1961 P50/2 1961 - 1962

Im Oktober 1959 begann die Serienproduktion des P 50/1 mit einem leistungsstärkeren Motor von 20 PS.

1960 - Bremstrommeln zweiteilig,
- geänderte Hauptscheinwerfer mit einteiligem Scheinwerfereinsatz und nach innen verlegter Verstellung,
- geänderte Rückleuchten,
- verstärkter Wischermotor

1961 - Trabant P 50/1 SW („SW“ steht für Sonderwunsch)

Neu
- Scheibenwischer mit Rechtsschlag,
- leistungsstärkerer Scheibenwischermotor,
- geänderte Defrosteranlage,
- neue (dünnere) Sitze,
- neue Instrumententafel,
- verdeckte Haubenscharniere,
- verbesserte Türabdichtung,
- gerade Führung der Seitenzierleisten,
- verbesserte Federn

P 50/2 Trabant
Limousine, 1962

Motor:	Zweizylinder-Zweitakt mit Luftkühlung
Hubraum:	499 ccm
Leistung:	20 PS bei 3.900 U/min
Geschwindigkeit:	100 km/h
Verbrauch:	8 l/100km
Preis:	7.850 M/DDR Limousine
Bauzeit:	1961 - 1962
Produktion:	14.265 Standardlimousinen 7.551 Sonderwunschlimousinen

Vorstellung des Kombi/Lieferwagen auf der Frühjahrsmesse in Leipzig

1961
- Freigabe Mischungsverhältnis 1:33,
- geklebte Vorderkotflügel,
- Ankündigung des Kombi/Camping für ca. 8.500 M/DDR,
- Scheibenwaschanlage als Zubehör,
- geänderte Lichtmaschine 6V 220 Watt und Lichthupe

Auf der Kreuzung kracht es. Der Fahrer stellt sich vor:
„Glück gehabt, mein Freund, ich bin Arzt!“
„Pech gehabt, mein Lieber“, antwortet der andere,
„ich bin Rechtsanwalt!“

1962 29.01.1962 – Der 100.000ste Trabant wurde produziert.

- Heckstoßstange als Zubehör,
- Stoßstange verchromt lieferbar,
- Serienanlauf P 50/2 mit Änderungen!
- Synchrongetriebe mit verstärktem Gelenkwellen-Motor P50/2 (anderer Hilfsrahmen),
- neue Blinkgeber,
- neuer Kraftstoffbehälter mit geändertem Verschlussdeckel,

Offizielle Vorstellung eines Anhängers für den „Trabi"
Hersteller: VEB Fahrzeugwerk Olbernhau

Weiterentwicklung zum P 60

1962 Neu

P 60 Trabant

Limousine, 1963

Motor:	Zweizylinder- mit Umkehrspülung
Hubraum:	595 ccm
Leistung:	23 PS bei 3.900 U/min
Geschwindigkeit:	100 km/h
Verbrauch:	8,5 l/100km
Preis:	7.850 M/DDR
Bauzeit:	1962 - 1964
Produktion:	69.899 Limousinen

Am 15. Oktober begann die Serienproduktion des Trabant P 60 mit einem um 3 PS stärkeren Motor. Äußerlich gab es kaum spürbare Änderungen. Lediglich beim „Sonderwunsch" reduzierte sich die Zweifarbenlackierung auf einen handbreiten Streifen.

1963 Der Schriftzug ändert sich auf der Heckklappe/Hecktür auf „600" (steht für 600 ccm Hubraum)

Im Januar 1963 erfolgt die Erstpräsentation des **P 601** zu Ehren des VI. Parteitages der SED. Auch er war eine heimliche „Schwarzentwicklung" auf der Grundbasis des P 60.

Der erste Trabant-Kombi

Bereits 1955 erregte der Prototyp P 50 Kombi (Ur-P 50 K, Form wie P 70) große Aufmerksamkeit. Dies beruhte vorrangig auf dem großen Platzvolumen und der Möglichkeit, höhere Lasten problemlos zu bewältigen. 1958 erfolgte die Vorstellung des P 50 Kombi in der Heckformvariante analog dem P 70, mit Hecktür bis unten ohne hintere Stoßecken. Im Dezember 1959 war der Beginn der Serienproduktion im Karosseriewerk Meerane.

Produktion/Verkaufspreise

P 50 Kombi Standard inkl. Liefer-/Campingwagen	1958 - 1962	8.459 Stück
P 50/2 Kombi Standard inkl. Liefer-/Campingwagen	1962	3.184 Stück

Preisentwicklung Kombi

Kombi	9.300 M/DDR
Kombi Sonderwunsch	9.500 M/DDR
Kombi Luxus	9.775 M/DDR

P 50 Kombi

Bei dem lang ersehnten Kombi können die Rücksitze zusammengeklappt werden, so dass sich ein Laderaum von 1.200 mm Länge, 1.180 mm Breite und 890 mm Höhe ergibt.

Besetzt man den Wagen mit 4 Personen, konnten noch 80 kg zugeladen werden und bei 2 Personen war sogar eine Nutzlast von 210 kg möglich.

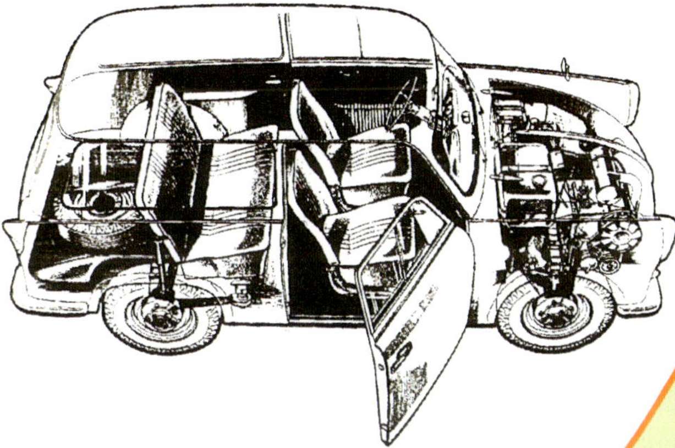

„Mein Mann ist begeisterter Kraftfahrzeugmechaniker. Selbst in seiner Freizeit kommt er von seinem Beruf nicht los."
„Und was macht er dann?"
„Er liegt unterm Bett und baut die Sprungfeder raus!"

1961 wurde der Kombi auf der Leipziger Messe mit neuen Varianten vorgestellt:

I. als Kombi-Lieferwagen
mit geschlossenen Seitenscheiben hinten und ohne hintere Sitzbank

II. als Kombi-Camping mit Faltschiebedach

Farbgestaltung Kombi – Außenlack/Polster

Jahr	Außenlack	Polster/Innenschlag
1959	Azurblau; Bananengelb Hellgrau; Lindgrün Azurgrün; Krapprot	hellbraunes Kunstleder
1960	zweifarbig: Bei allen Kombis fand die dunklere Farbe Verwendung für Unterteil, Stoßstange und Stoßecken und die jeweils hellere Farbe für das Dach.	
	Pastellgrau/Tundrabeige Pastellgrau/Pastellblau Pastellgrau/Krapprot Lichtelfenbein/Nilgrün Lichtelfenbein/Brilliantkoralle	alle Farbvarianten: hellbraunes Kunstleder Instrumententafel: Hammerschlag-metallic

Der junge Mann
hat seine Freundin in dem
Trabi mitgenommen. Sie hat sich heute
besonders schön herausgeputzt
mit einem Wahnsinnsausschnitt. Sie fahren
ins Grüne und halten an einem See.
Sie steigt aus, wirft ihre Kleider ab,
legt sich auf dem Rücken ins Gras und ruft ihm zu:
„Komm jetzt oder magst du mich nicht mehr?"
Er, verzweifelt: „Hast du eine Ahnung.
Wenn ich dich nicht liebte,
käme ich jetzt aus der Kiste raus."

Die aktuelle Trabi-Szene

3. Die Weiterentwicklung des Trabant zum P 601

Das neue Outfit – die Geburt des P 601

Aufgrund des großen Erfolges der Weiterentwicklung zum P 60, seiner Karosse und dem leistungsstärkeren 23 PS Motor wurde den Konstrukteuren ein Sparkorsett für weitere Modernisierungen verordnet.

Trotz alledem erfolgte die heimliche „Schwarzentwicklung" der Karosse.

Die Vorgaben missachtend, entwarf der Ingenieur Lothar Sachse eine völlig neue Stufenhecklimousine mit größeren Innenmaßen und neuer Türkonstruktion.

„Also, was ist denn mit meinem Trabi?" fragt Fräulein Müller in der Werkstatt. „Tja," meint der Meister und kratzt sich am Kopf, „Ich will's mal so sagen: Wenn Ihr Trabi ein Pferd wäre, müsste man es erschießen!"

Damit war nicht nur ein neues Outfit konzipiert worden, die neue Formgebung hatte auch positive Auswirkungen auf die Technologie und den Materialeinsatz im Rohbau.

Zu den wesentlichen Verbesserungen der P 601-Karosserie gegenüber dem P 60 zählten:

- verbesserte Platz- und Sichtverhältnisse,
- eine verbesserte Innenausstattung,
- eine neue Türkonstruktion mit Kurbelscheiben,
- ein größerer Kofferraum,
- eine Scheibenwaschanlage,
- eine verbesserte Heizung.

Die Entwicklungskosten für den Trabant 601 betrugen in dem Zeitraum von 1959 - 1964, mit Beginn der Serienproduktion: 3.069.900 M/DDR.

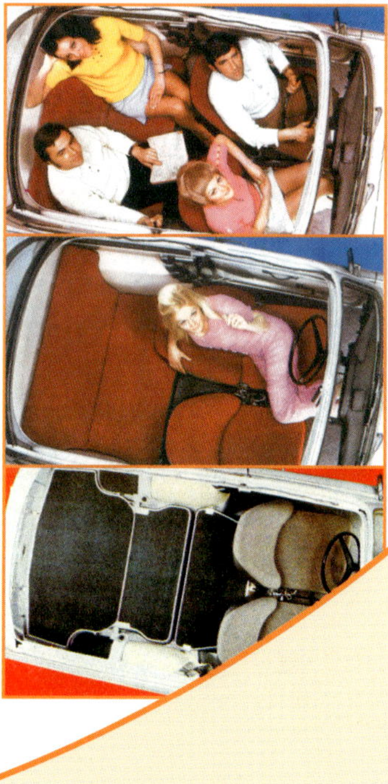

Hauptabmessungen und Kennwerte des P 601:

- viersitzige, zweitürige Stufenheck-Limousine
- selbsttragende Karosse in Gemischtbauweise (Stahlblech mit Duroplastbeplankung)

- Länge:	3.555 mm
- Breite:	1.505 mm
- Höhe:	1.440 mm
- Radstand:	2.020 mm
- Kofferraumvolumen:	415 l
- Leergewicht:	615 kg
- Nutzmasse:	385 kg

- Frontantrieb mit quer im Bug eingebautem Motor und daneben liegendem Getriebe
- Zweizylinder-Zweitakt-Ottomotor

- Hubraum:	595 ccm
- Leistung:	23 PS bei 4000 U/min (1963 - 1968) 26 PS bei 4000 U/min (1968 - 1990)
- Schmierungverhältnis:	M 1:33 (1963 - 1974) M 1:50 (1974 - 1990)
- Federung:	Querblattfeder, ab 1988 hintere Schraubenfederung
- Tankinhalt:	24 Liter (1963 - 1973) 26 Liter (1973 - 1990)
- Bordspannung:	6 Volt (1963 - 1983) 12 Volt (1983 - 1990)
- Höchstgeschwindigkeit:	100 km/h

Messevorstellung des P 601

P 601

Die lausigsten Spitznamen des Trabi:

Mercedes Krenz, Duroplastbomber,
Fliegender Sachse, Umstandskasten,
Zwickauer Flüchtlingskoffer, Arbeiter- und Bauern-Volvo, Trabillac,
Überdachte Zündkerze, Carton de blamage, Asphaltblase, Rennpappe,
Plastepfeil, Sachsenporsche, Gehhilfe, Carton de la Papp,

Im Werksplan „Neue Technik“ war der Produktionsanlauf für das IV. Quartal 1962 vorgesehen. 1963 begann aber erst die Nullserie von 110 Limousinen. Entscheidungs- und Geldmangel waren der Grund für den Zeitverlust.

Ab 1. Juni 1964 kamen die ersten Serienwagen zur Auslieferung.

7.890 M/DDR betrug der Kaufpreis für die Standardlimousine. Die Kunden mussten bereits in den Anfangsjahren eine Wartezeit von 3 Jahren in Kauf nehmen.

Der Trabant P 601 war von den Konstrukteuren als eine Zwischenlösung gedacht und war nichts anderes als eine überarbeitete Ausgabe des PKW P 60. Nach 1970 sollte er durch neue PKW-Perspektiv-Modelle (siehe Prototypen) abgelöst werden. Doch auf Grund politischer und ökonomischer Zwänge erging es dem Trabant wie vielen anderen DDR-Produkten: anfangs verkörperten sie den internationalen Entwicklungsstandard, aber eine grundlegende Weiterentwicklung blieb ihnen versagt.

TRABANT P 601

TRABANT P 601 S

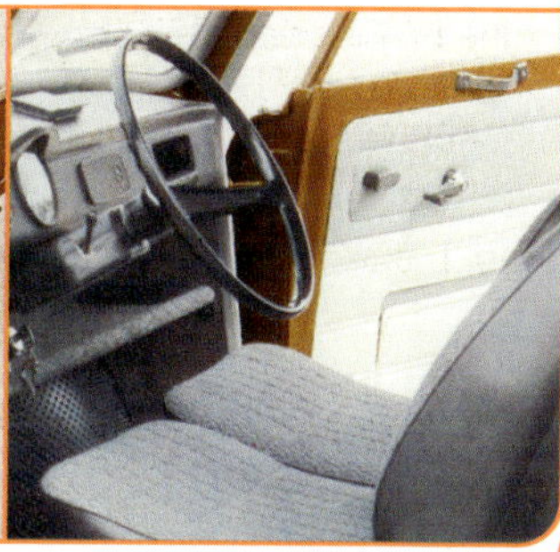

TRABANT P 601 de luxe

TRABANT P 601 S de luxe

Durch rationale Fertigungs- und Fügeverfahren war eine stetige, jährliche Produktionserhöhung gewährleistet. Dies wurde besonders durch einen verkürzten Arbeitszeitaufwand bei der Herstellung der Kunststoffteile für die Karosserie erreicht.

Die Gesamtfertigungszeit sank von 260 Minuten im Jahr 1963 auf 127 Minuten im Jahr 1975.

Die Gesamtproduktion des P 601 belief sich auf **2.818.547 Stück**.

Limousine Standard	565.606
Limousine Sonderwunsch	1.362.356
Limousine „de Luxe“	134.970
Limousine „S de Luxe“	179.081
Kombi-Universal Standard	169.186
Kombi-Universal Sonderwunsch	361.712
Kombi-Universal „de Luxe“	14.370
Kombi-Universal „S de Luxe“	18.717
Kombi-Lieferwagen	1.577
Kübelfahrzeug - Armee	8.022
Kübelfahrzeug - Forst	2.024
Kübelfahrzeug - Tramp	926
	2.818.547

Preisentwicklung

Die Verbesserung der Nutzerfreundlichkeit und Gebrauchswerterhöhung schlug sich in den 80er Jahren deutlich in den einzelnen Preiskategorien nieder.

Der Standardpreis galt als Grundlage. Die Aufpreise für „Sonderwunsch“ und „de Luxe“ waren extra ausgewiesen. Das führte 1985 zu 10 Ausstattungsvarianten und weiteren 4 wahlweise zuorderbaren Bestandteilen.

Ausführungen/Preise

	Limousine	Standard	7.850 M/DDR	1964 - 1984
	Limousine	Standard	10.020 M/DDR	1985
	Limousine	Sonderwunsch	8.050 M/DDR	1964 - 1984
	Limousine	Sonderwunsch	10.170 M/DDR	1985
	Limousine	Luxusausführung	8.300 M/DDR	
	Limousine	S de Luxe	12.625 M/DDR	1985
Kombi	Universal	Standard	9.300 M/DDR	1965 - 1984
Kombi	Universal	Standard	11.610 M/DDR	1985
Kombi	Universal	Versehrtenfahrz.	12.968 M/DDR	
Kombi	Universal	Sonderwunsch	9.500 M/DDR	
Kombi	Universal	Sonderwunsch	11.760 M/DDR	1985
Kombi	Universal	de Luxe	9.775 M/DDR	
Kombi	Universal	S de Luxe	14.320 M/DDR	1985

Mit der Variante „S de Luxe“ hatte die Preisspirale ihren Höhepunkt erreicht. 13.060 M/DDR für die Limousine und 14.755 M/DDR für den Kombi „Universal“ musste der Kunde am Ende einer manchmal 15jährigen Wartezeit bezahlen.

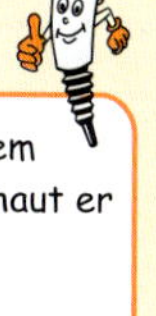

Müllers machen die erste Fahrt in ihrem nagelneuen Trabi. An der Kreuzung schaut er nach links und fragt seine Frau:
„Kommt von rechts ein Auto?“
„Nein, nein“ meint sie. Als ihr Mann Gas gibt, fügt sie hinzu:
„Nur ein hässlicher Lieferwagen.“

Anmeldung und Wartezeit

Der in der DDR langsam steigende Lebensstandard ließ für viele Bürger den Traum vom eigenen Auto Wirklichkeit werden.

Übersicht

Jahr	Bevölkerung In Mio.	PKW pro 1000 Einwohner	Haushalts-ausstattung
1955	17.832	7	0,2
1960	17.241	17	3,2
1965	17.020	38	8,2
1970	17.058	68	15,6
1975	16.850	112	26,2
1980	16.737	160	36,8
1985	16.664	198	45,8
1989	16.400	238	57,2

Ende der Fünfziger Jahre war das Verhältnis von 300.000 PKW auf 17 Mio. Einwohner noch unter Vorkriegsniveau. Übertroffen wurde es erst in den sechziger Jahren.

1989 lag das Ve rhältnis bei 3,9 Mio. PKW auf ca. 16,5 Mio. Einwohner. Das waren erst ca. 57 Prozent der Gesamthaushalte.

Bestimmend sagte die Mutter:
„Mein Kind, wenn du unbedingt als Fahrschul-Lehrbuch zum Kostümfest gehen willst, dann bringe ICH aber die Verkehrsschilder an. Und ich wünsche die Parkverbotsschilder morgen früh dort wiederzufinden, wo ich sie befestigt habe."

I ♥ Trabant

Die aktuelle Trabi-Szene

In den siebziger Jahren wurde das Missverhältnis von Angebot und Nachfrage trotz Produktionssteigerung immer größer.

Das Motorrad galt nicht länger als Autoersatz. Dieser Strukturwandel und die erhöhte Kaufkraft trugen zu einer riesigen Nachfrage bei.

Die Lieferzeiten für Neuwagen wuchsen ins Unermessliche und stiegen auf mehr als 12 Jahre an.

Alle volljährig gewordenen Jugendlichen lösten bereits mit 18 Jahren eine PKW-Bestellung aus, um im 30. Lebensjahr ihren Trabi ausgeliefert zu bekommen. Eine Bestellung im Alter von 45 Jahren wäre erst kurz vor dem Renteneintritt ausgeliefert worden.

Die durchschnittliche Lebensdauer des Trabant lag 1980 bei 28,5 Jahren.

P 601

Treffen sich zwei Krokodile. Sagt das erste:
„Mann, ich hab gestern einen Trabifahrer gefressen, der lag mir so schwer im Magen, ich hab den ganzen Tag nur geschlafen, ich konnte nicht mehr schwimmen".
Sagt das zweite: „Das ist ja gar nichts.
Ich habe gestern einen Mercedesfahrer gefressen, der war so hohl, ich kann seit dem nicht mehr tauchen."

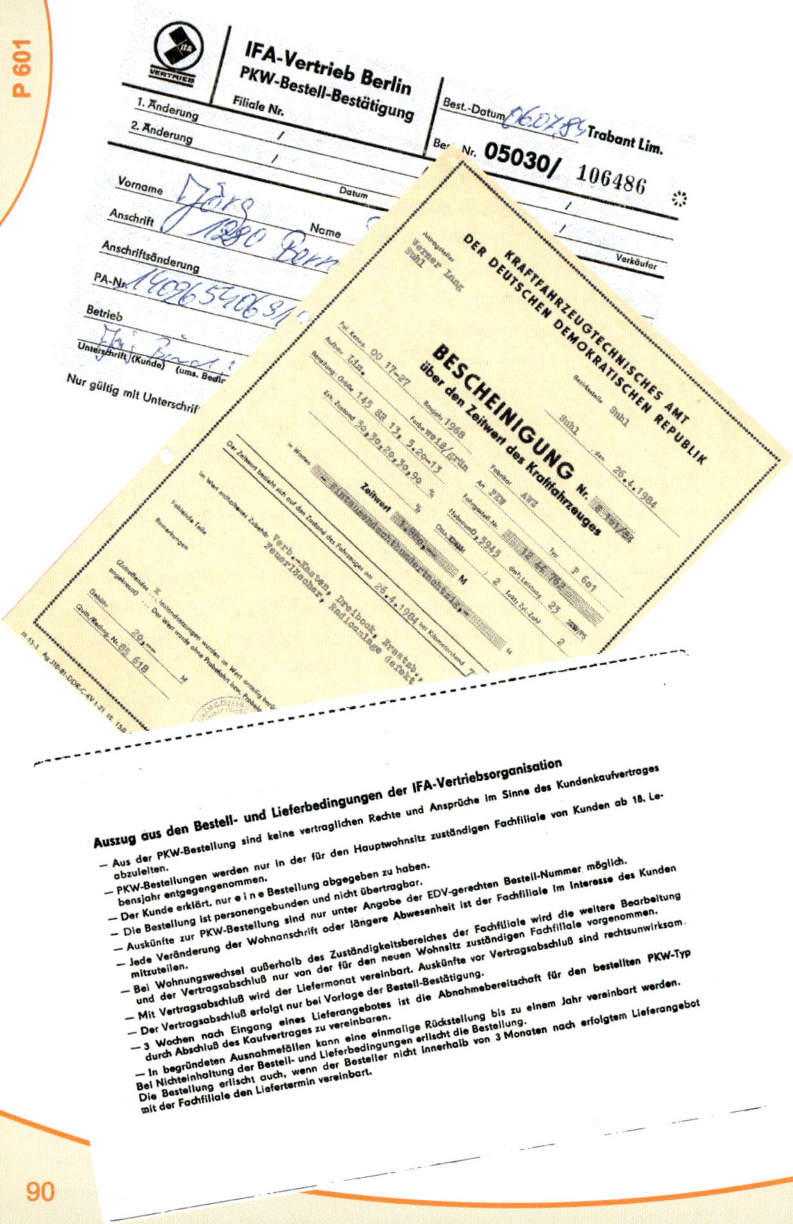

IFA VERTRIEB

IFA-Vertrieb Berlin
PKW-Bestell-Bestätigung

Filiale Nr.

Best.-Datum 06.07.84 Trabant Lim.

Best.-Nr. **05030/** 106486

1. Änderung /
2. Änderung /

Vorname Jörg

Datum /

Anschrift 1290 Bern…

Name …

Anschriftsänderung

Verkäufer

PA-Nr. 140965410631…

Betrieb

Unterschrift (Kunde) (ums. Bedin…

Nur gültig mit Unterschrif…

KRAFTFAHRZEUGTECHNISCHES AMT
DER DEUTSCHEN DEMOKRATISCHEN REPUBLIK

Antragsteller Werner Lang
Suhl

Bezirksstelle Suhl

Suhl, den 26.4.1984

BESCHEINIGUNG Nr. [redacted]
über den Zeitwert des Kraftfahrzeuges

Pol. Kennz. 00 17-27

Fabrikat AWZ

Art PKW

Typ P 601

Aufbau Lim.

Baujahr 1968

Farbe weiß/grün

Fahrgestell-Nr. [redacted]

Hubraum 595

dm³; Leistung 23 PS

Otto 2

Takt; Zyl.-Zahl 2

Bereifung: Größe 145 SR 13, 5.20-13

Erh. Zustand 30,30,20,30,90 %

%

Zeitwert [redacted] M

in Worten [redacted]

Der Zeitwert bezieht sich auf den Zustand des Fahrzeuges am 26.4.1984 bei Kilometerstand …

Im Wert enthaltenes Zubehör: Verb.-Kasten, Dreibock, Ersatzb.…
Feuerlöscher, Radioanlage defekt…

Fehlende Teile

Bemerkungen

(Zutreffendes ankreuzen) X … Instandsetzungen wurden im Wert anteilig berü… Der Wert wurde ohne Probefahrt bzw. Prüfst…

Gebühr 20,— M

Quitt./Bedng. Nr. 05 618

Auszug aus den Bestell- und Lieferbedingungen der IFA-Vertriebsorganisation

— Aus der PKW-Bestellung sind keine vertraglichen Rechte und Ansprüche im Sinne des Kundenkaufvertrages abzuleiten.

— PKW-Bestellungen werden nur in der für den Hauptwohnsitz zuständigen Fachfiliale von Kunden ab 18. Lebensjahr entgegengenommen.

— Der Kunde erklärt, nur e i n e Bestellung abgegeben zu haben.

— Die Bestellung ist personengebunden und nicht übertragbar.

— Auskünfte zur PKW-Bestellung sind nur unter Angabe der EDV-gerechten Bestell-Nummer möglich.

— Jede Veränderung der Wohnanschrift oder längere Abwesenheit ist der Fachfiliale im Interesse des Kunden mitzuteilen.

— Bei Wohnungswechsel außerhalb des Zuständigkeitsbereiches der Fachfiliale wird die weitere Bearbeitung und der Vertragsabschluß nur von der für den neuen Wohnsitz zuständigen Fachfiliale vorgenommen.

— Mit Vertragsabschluß wird der Liefermonat vereinbart. Auskünfte vor Vertragsabschluß sind rechtsunwirksam.

— Der Vertragsabschluß erfolgt nur bei Vorlage der Bestell-Bestätigung.

— 3 Wochen nach Eingang eines Lieferangebotes ist die Abnahmebereitschaft für den bestellten PKW-Typ durch Abschluß des Kaufvertrages zu vereinbaren.

— In begründeten Ausnahmefällen kann eine einmalige Rückstellung bis zu einem Jahr vereinbart werden.

Bei Nichteinhaltung der Bestell- und Lieferbedingungen erlischt die Bestellung.

Die Bestellung erlischt auch, wenn der Besteller nicht innerhalb von 3 Monaten nach erfolgtem Lieferangebot mit der Fachfiliale den Liefertermin vereinbart.

Aufgrund von Mehrfachbestellungen innerhalb einer Familie stiegen die PKW-Anmeldungen auf über 6 Millionen an.

Den Vorschlag, eine Anzahlung von 10.000 - 20.000 M/DDR innerhalb von 2 - 3 Jahren vor Auslieferung zu zahlen, wurde mit der Begründung, das sei gegen die Arbeiterklasse gerichtet, deren Lohnniveau zu niedrig sei, abgelehnt. Eine Bevorzugung des Mittelstandes sollte nicht gefördert werden.

Diesbezüglich gingen die PKW-Besitzer sehr sorgsam mit ihren Autos um. Die Jahreslaufleistung betrug nur ca. 8.000 km. Die eigenen Autos waren eine einmalige Anschaffung – eine Anschaffung fürs Leben. Sie wurden Statusobjekte, die oftmals nur in den Garagen standen.

M 184,50
1978
Zwickau
M 184,50
1979
Marken sorgfältig einkleben!
Bei Verlust kein Ersatz!

6. Diese Karte mit den eingeklebten Wertmarken gilt als Zahlungsnachweis. Sie ist von dem jeweiligen Fahrzeuglenker mitzuführen und bei Kontrollen vorzuzeigen.

7. Bei Eigentumswechsel ist die Karte dem neuen Fahrzeughalter zu übergeben. Sie ist nicht übertragbar, wenn eine Steuervergünstigung gewährt wurde. In diesem Fall ist die Karte der Staatlichen Versicherung zur Ausstellung einer neuen Karte vorzulegen.

Für die Zahlung der Steuer und Beiträge sind beide Halter verantwortlich.

8. Der Verlust der Karte ist unverzüglich der zuständigen Zulassungsstelle der Deutschen Volkspolizei und der Staatlichen Versicherung zu melden.

9. Die Karte ist spätestens in den Monaten Oktober bis Dezember vor Ablauf des letzten Geltungsjahres der Staatlichen Versicherung zur Ausstellung einer neuen Karte vorzulegen.

10. Diese Karte ist weiterhin aufzubewahren, auch wenn ihre Gültigkeitsdauer abgelaufen und eine neue Karte ausgehändigt worden ist. Sie dient als Nachweis für die Entrichtung der KFZ-Steuer und Haftpflicht-Versicherungsbeiträge für die Jahre, für die KFZ-Wertmarken aufgeklebt sind.

11 372 (64)

Deutsche Demokratische Republik

Kraftfahrzeug-Steuer- und -Versicherungs-Karte

Bestandteil der Kraftfahrzeugpapiere

Beachten Sie bitte!

1. Der auf der Karte vermerkte Gesamtbetrag ist am 1. Januar fällig und bis zum 30. April eines jeden Kalenderjahres zu zahlen.

2. Zahlungspflichtig sind alle Fahrzeughalter, deren Fahrzeuge polizeilich zugelassen bzw. registriert sind.

3. Die Bezahlung erfolgt durch den Erwerb von Kraftfahrzeug-Wertmarken bei den öffentlich bekanntgegebenen Stellen.

4. Werden die Wertmarken nach dem 30. April erworben, sind nach den gesetzlichen Bestimmungen Verzugszuschläge zu entrichten. Kann im Schadenfall der Nachweis der Zahlung nicht erbracht werden, wird der Fahrzeughalter an den Leistungen der Staatlichen Versicherung beteiligt.

5. Versäumen Sie daher nicht, die Kraftfahrzeug-Wertmarken rechtzeitig und in der richtigen Höhe des in der Karte vermerkten Gesamtbetrages zu erwerben.

KR 4184 VLV Freiberg Ag 307/70 II 4955

Am IFA-Vertrieb in Berlin Schöneweide stehen tausende DDR-Bürger und warten auf ihren Trabi. Gegen zehn Uhr geht die Tür auf. Ein Abteilungsleiter des IFA-Vertrieb ruft: „Alle Bürger mit US-Dollar zu mir!" Daraufhin melden sich etwa 50 Bürger. Alle erhalten ihren Trabi. Einige Zeit später das gleiche. Der IFA-Mann: „ Alle mit DM zu mir!" Rund 100 Leute erhalten ihren Trabi. Wieder einige Zeit später, nochmals der IFA-Mann: „Alle Parteisekretäre zu mir!" Es meldeten sich vielleicht 500 Personen. Zu denen sagt der IFA-Mann: „So und ihr erklärt dem Rest, warum die keinen Trabi kriegen."

Genex-Verkauf

Um lange Wartezeiten zu umgehen und um vorhandene Devisen der DDR-Bevölkerung schneller abzuschöpfen, wurde 1962 ein neuer Verkaufszweig geschaffen, der „Genex"-Verkauf. Der Außenhandelsbetrieb „Genex" (Geschenkdienst und Kleinexport GmbH-Berlin) wurde vom „Alexander Schalk-Golodkowski-Imperium" geführt.

Jährlich 10.000 PKW, davon 7.000 Wartburg und 3.000 Trabant konnten gegen Dollar oder DM/BRD an DDR-Bürger ausgeliefert werden.

1989, im letzten Jahr der DDR, betrug bei den zugelassenen PKW der Anteil des Trabant ca. 53 Prozent und der des Wartburg ca. 18 Prozent.

PKW-Bestand in der DDR nach Marken 1975 - 1989 in 1.000 Stück

	1975	1980	1989 teilw. geschätzt
PKW-Bestand gesamt	**1.880,5**	**2.677,7**	**4.100,0**
davon Trabant	847,4	1.235,8	2.206,3
Wartburg	325,9	424,3	763,7
Lada	82,6	249,8	357,8
Skoda	200,7	267,8	302,0
Moskwitsch	158,7	206,0	150,1
Sonstige	265,2	294,0	320,1

Quelle: Ministerium für Maschinenbau

Die Jahreslaufleistung wurde statistisch für den Trabant mit 8.000 km und für den Wartburg mit 10.000 km angegeben.

Der Trabant war auf eine Haltbarkeit von ungefähr 8 bis 10 Jahren ausgelegt.

Die Realität zeigte, dass in der Zeit von 1975 - 1989 über 80 Prozent der PKW eine Erstzulassung von über 15 Jahren hatten.

P 601

Trabant 601

Trabant 601 S

Trabant DE 601 LUXE

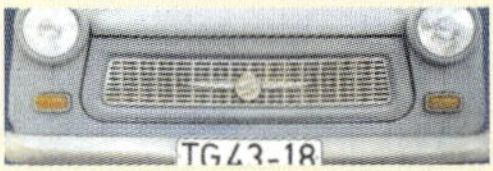

In einer Trabi-Werkstatt:
„Ich habe Ihnen vier neue
Kerzen eingesetzt Fräulein Müller".
Sie schaut nachdenklich nach oben.
„Ist ja sehr freundlich, aber brauche
ich denn jetzt schon einen Adventskranz"?

Klein, aber oho!

Die Weiterentwicklung P 601

Es gelang den Schöpfern das Kunststück, ein optisch neuwertiges und geräumiges Auto zu konzipieren.

Die neue Form war ein großes Ereignis für die Öffentlichkeit. Das Aussehen war stilistisch den 60er Jahren und somit dem damaligen Zeitgeschmack nachempfunden. Im internationalen Automobilbau waren in dieser Zeit eckige und trapezförmige Linien bestimmend.

Die Fensterflächen sind um 26 Prozent gewachsen und gewährleisten einen erstklassigen Rundblick. Der Grill ist verchromt und im Mittelpunkt steht das große Sachsenringzeichen.

Auf einer großen Kreuzung stoßen drei Autos zusammen – dreimal Totalschaden, kein Personenschaden! Die drei Fahrer steigen aus und besehen sich die Autos. Der Fahrer des Super-Porsche 928 sagt:
„Schade, eine Woche umsonst gearbeitet!"
Dann sagt der Fahrer des Mercedes S-Klasse:
„Schade, einen Monat umsonst gearbeitet!"
Dann kommt der Trabi-Fahrer. Er ist entsetzt und sagt:
„Mein Lebenswerk ist hin!" Daraufhin sagt der Porsche-Fahrer:
„Mann, warum kaufen Sie sich auch so ein teures Auto?!"

P 601

Die Baugruppen:

Plattformrahmen, Stirnwand, Radkästen, Fahr- und Triebwerk sowie die Duroplastteile für Vorderkotflügel und Türen mussten vom P 60 übernommen werden, um Veränderungen an den Fertigungseinrichtungen möglichst gering zu halten.

Der neue Karosseriekörper des P 601 hatte wenige sichtbare Blechteile im Motorhauben- und Heckbereich. Der verstärkte Einsatz von Blechen mit geringerer Oberflächenqualität wurde danach möglich.

Motorhaube und Kofferklappe aus Kunststoff waren optimaler gestaltet. Die Anzahl der Kunststoffteile belief sich auf 10 Stück.

In seinem äußeren Erscheinungsbild blieb der P 601 ein Vierteljahrhundert unverändert, abgesehen von zahlreichen mehr oder weniger bedeutsamen Detailverbesserungen.

Bis 1988 wurden 326 Serienänderungen und 156 Karosserieveränderungen mit kaum neuen Innovationen und technologischen Details vorgenommen.

P 601

Entscheidende Weiterentwicklungen waren:

1965: - Kupplungsautomat „Hycomat“

Trabant 601 H (Hycomat)
Neu war die elektrohydraulische Kupplungsbetätigung, die den Kupplungsvorgang selbständig reguliert. Eingekuppelt wurde mit dem Gaspedal. Das Auskuppeln erfolgte durch das Berühren des Schalthebels. Diese Zusatzeinrichtung war eine wesentliche Erleichterung für körperbehinderte Kraftfahrer bei Schaltvorgängen.

1967: - Duplexbremse, Selfasitze, Zündanlasslenkschloss
1968: - Motor P 63/64 mit 26 PS, ausgewuchtete Räder
1969: - dreigeteilte Abgasanlage

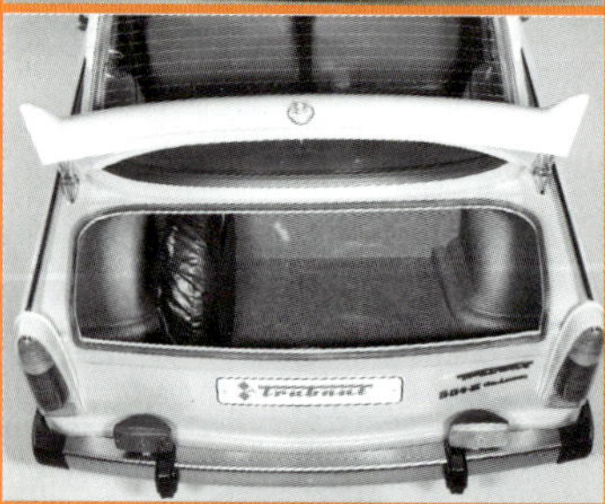

1966 wurden 3 Ausstattungsvarianten geschaffen:
P 601, P 601 S und P 601 de Luxe.

Die Variante „S“ (Sonderwunsch)

Gegen einen Aufpreis von 200 M/DDR erhöhte sich die Ausstattung um ein Zündanlasslenkschloss, Selfasitze und einen elektromagnetischen Abblendschalter.

Die ab dem 1. April 1966 verkäufliche Luxusvariante erhielt zusätzlich noch eine Zweifarbenlackierung mit passendem Innenausschlag und verchromten Stoßstangen zum Aufpreis von 450 M/DDR. Im Zuge der Weiterentwicklung nannte man diese weiter verbesserte Ausstattungsvariante ab 1978 „P 601 S de Luxe“.

Trabant P 601 S de Luxe

- Ausführung für besten Komfort
- Sitze und Seitenverkleidung in Textil-Schaumkunstleder-Kombination
- Textil-Fußbodenbelag
- Zweiklang-Fanfaren
- Wisch-Wasch-Automatik
- Nebelschlussleuchte
- Rückfahrscheinwerfer
- Heckscheibenheizung
- Tacho mit Tageszählwerk
- verchromte Stoßstangen
- Zweifarb-Lackierung

Harry kommt fröhlich mit seinem Trabi von der Silvesterfeier.
Die Polizei stoppt ihn bei einer Verkehrskontrolle:
„Haben Sie was getrunken?“
„Nur einen kleinen Wachtmeister, Herr Jägermeister.“

1969: 3 PS mehr

Der bereits im Dezember 1968 eingebaute Zweizylindermotor hat mit 3 PS nun die Endstufe seiner Leistungsentfaltung erreicht. 26 PS bringen eine temperamentvolle Beschleunigung von 0 auf 80 km/h in 19,5 Sekunden statt bisher 24,2 Sekunden.

Man erkennt den 26-PS-Trabi lediglich am Kühlergrill ohne Sachsenring „S“ und an den Lüftungsschlitzen in der C-Säule.

Fahrschemel P 601

Motor:	Zweizylinder-Zweitakt
Hubraum:	594,5 ccm
Leistung:	26 PS bei 4.200 U/min
Geschwindigkeit:	108 km/h
Verbrauch:	8,5 - 9 l/100 km
Bauzeit:	1984 - 1990
Produktion:	938.838 Stück

P 601 Trabant
Limousine, 1973

Motor:	Zweizylinder-Zweitakt in Reihe
Hubraum:	599 ccm
Leistung:	26 PS bei 4.000 U/min
Geschwindigkeit:	105 km/h
Verbrauch:	8,5 l/100 km
Preis:	8.300 M/DDR
Bauzeit:	1964 - 1990
Produktion:	3.096.000 Stück

1970: - Maßnahmen zur Geräuschminderung:
Schallschluckhaube am Motor

1971: - Maßnahmen zum Korrosionsschutz:
Elektrophoretische Tauchgrundierung der Rohkarosserie;
- neue Vordersitze

1974: - Maßnahmen zu Sicherheitsanforderungen:
Neue Instrumententafel mit Warnblinkanlage;
- Mischungsverhältnis 1:50

1976: - Abgaskrümmerheizung

Ein wesentlicher Fortschritt in der Zweitakttechnik lag in der Lagerung der Kolbenbolzen. Sie ermöglichen ein günstigeres Mischungsverhältnis vom Öl zum Kraftstoff, nämlich 1:50 statt 1:33.

Dachfenster-Varianten – im Volksmund auch „Ost-Klima-Anlage“ genannt.

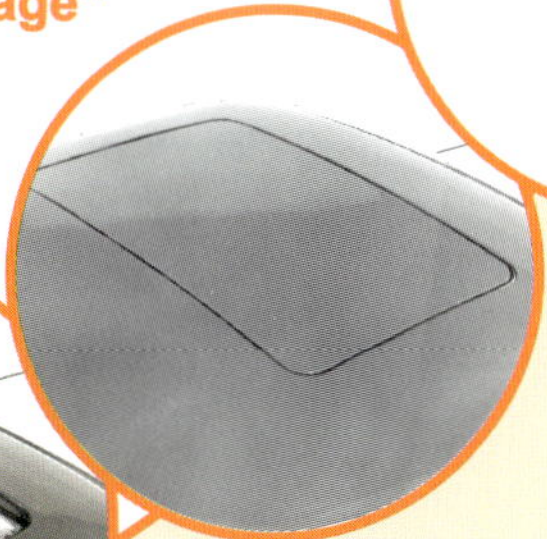

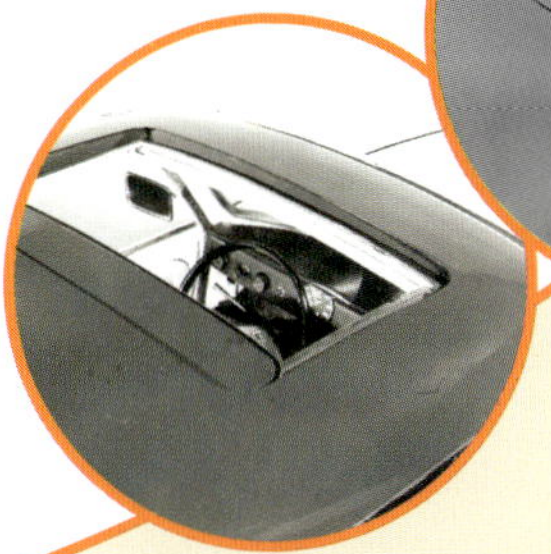

Weisheiten:
Menschen sind wie Autos.
Man sollte den unerlässlichen Sicherheitsabstand voneinander einhalten.

1978: - Im Zuge der Weiterentwicklung nannte man diese Ausstattungsvariante ab 1978 „P 601 S de Luxe". Das so genannte Finishpaket umfasste Chromstoßstangen mit Kunststoffstoßhörnern, den kompletten Schaumkunstlederinnenausschlag mit Teppichbodenbelag, einen Tachometer mit Tageszählwerk und Radio.

1979: - Erweiterung der Ausstattung „S de luxe":
Sie beinhaltet ausschließlich ein Elektropaket wie:
- Nebelschlussleuchte und Rückfahrscheinwerfer,
- Zweiklanghorn,
- Radioentstörung und
- elektrisch arbeitende Scheibenwaschanlage (inkl. Wisch-Wasch-Funktion)

1980: - Profilierte Stoßstange

1981: - Automatik Sicherheitsgurte

1982: - PUR-Lenkrad

1983: - 12 Volt Bordspannungsanlage,
- heizbare Heckscheibe,
- Vordersitze mit Kopfstützen

1984: - KMVA Kraftstoffmomentanverbrauchsanzeige (Mäusekino),
- Halogenlampen,
- Gleichlaufgelenkwellen

1984 wird die Kraftstoffmomentanverbrauchsanzeige (KMVA), im Volksmund auch „Mäusekino" genannt, eingebaut. Mit den Lichtzeichen Rot, Gelb und Grün wird entsprechend der Fahrweise der momentane Benzinverbrauch signalisiert. Die Umsetzung des Einbaus war ein Beschluss des Politbüros der SED und sollte zur Kraftstoffeinsparung beitragen.

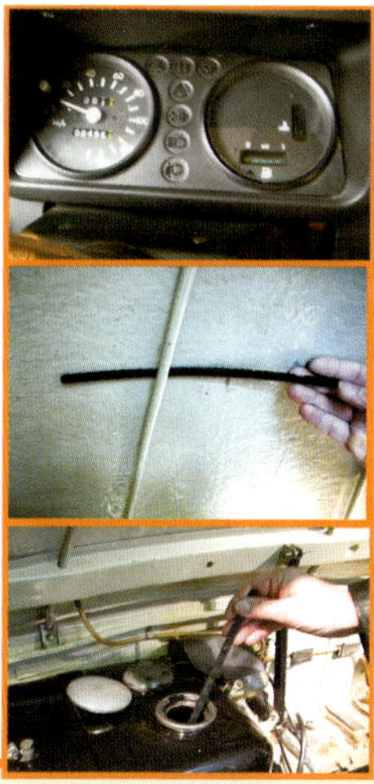

Selbstkontrolle beim Spritverbrauch

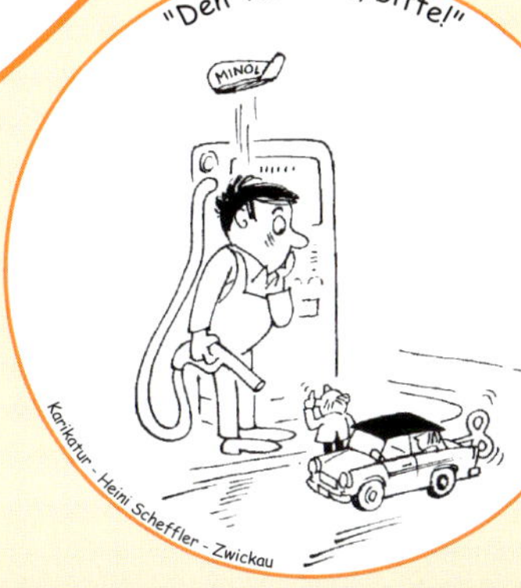

1986: - Hinterachse mit Schraubenfedern,
- Frontscheibe aus Mehrschichtsicherheitsglas (MSG)

1990: - erfolgten noch Versuche mit ungeregelten Katalysatoren am P 601 durch die Technische Universität Berlin. Mit Katalysatoren der Firmen Top-Car-Products (BRD) bestand die Möglichkeit der Nachrüstung.

Der Trabant ist sofort ohne Wartezeit lieferbar.

29.06.1990
erfolgte die Einstellung der Produktion des P 601 als Limousine

„Zwanzig Euro
gebührenpflichtige Verwarnung“,
sagt der Polizeibeamte zum
Metzgermeister„„oder darf`s
ein wenig mehr sein?"

Ein Cabrio

ist ein Trabi "oben ohne"

Der Trabant Kombi „Universal“

Bereits im Januar 1960 begann die Serienfertigung des ersten Trabant Kombi noch auf der Basis des P 50.

Die offizielle Neuvorstellung des Kombi, jetzt mit dem Namen „Trabant 601 Universal“, erfolgte im Juli 1965.

P 601 Trabant Universal
Kombi mit Anhängerkupplung

Motor:	Zweizylinder in Reihe Zweitakt, Luftkühlung
Hubraum:	599 ccm
Leistung:	23 PS bei 4.000 U/min
Geschwindigkeit:	105 km/h
Verbrauch:	9 l/100km
Preis:	9.300 M/DDR
Bauzeit:	1965 - 1990
Produktion:	563.985 Wagen

Im September 1965 begann der Serienanlauf des P 601 „Universal“, gleichzeitig zur noch bestehenden P 60 Kombi-Produktion.

Kombi Universal

Weisheiten:
Je größer der Wagen ist, desto kleiner wirkt der Mann, der darin sitzt.

Der Grundausstattungspreis belief sich auf 9.446 M/DDR für den Kombi-Standard.

Der Kombi mit dem Namen „Universal" war ein großer Fortschritt in der Raumausnutzung. Aus der Hecktür (wie bei dem P 70) war eine nach oben öffnende Heckklappe mit mechanischer Heckklappenstütze entstanden. Bei umgeklappter Rückbank verfügte der Trabant Universal über ein Ladevolumen von 1.400 Litern. Die Nutzlast beträgt mit 2 Personen 260 Kilogramm und mit 4 Personen noch 95 Kilogramm für Gepäck.

Trabant Kombi Universal

Der Kombi war auf Grund seiner Geräumigkeit sehr begehrt, besonders bei allen Campingfreunden. Leider blieb der Anteil der Produktion gegenüber der Limousine bei nur 20 Prozent.

1981 wurde das Produktprogramm durch einen versehrtengerechten Kombi erweitert. Die Ausstattung entsprach den Ansprüchen und Bedienmöglichkeiten körperbehinderter Fahrer, welches auch die Mitnahme eines Rollstuhles im Stauraum gestattete.

Kombi Universal

Produktion: P 601 Trabant-Universal

Kombi-Universal Standard	169.186
Kombi-Universal Sonderwunsch	361.712
Kombi-Universal „de Luxe“	14.370
Kombi-Universal „S de Luxe“	18.717
	563.985

Ausführungen/Verkaufspreise M/DDR

Kombi	Universal	Standard	9.300 M/DDR	1965 - 1984
Kombi	Universal	Standard	11.610 M/DDR	1985
Kombi	Universal	Versehrtenfahrzeug	12.968 M/DDR	
Kombi	Universal	Sonderwunsch	9.500 M/DDR	
Kombi	Universal	Sonderwunsch	11.760 M/DDR	1985
Kombi	Universal	„de Luxe“	9.775 M/DDR	
Kombi	Universal	„S de Luxe“	14.320 M/DDR	1985

Der Trabant Kübelwagen

1966 wurde eine weitere Produktvariante geschaffen – der Trabant-Kübel. Er diente zunächst als Patrouillenfahrzeug für die Nationale Volksarmee (NVA) als „Grenz-Trabbi“.

Diesen Sektor bediente bisher das Automobilwerk Eisenach unter Verwendung der W 311 Fahrgestelle. Am 1. April 1966 erfolgte die Erstvorstellung durch den VEB Sachsenring.

Ein Trabi rammt von hinten einen Mercedes. Die beiden Autos sind so ineinander verkeilt, dass sie nicht zu trennen sind. Da meint ein Fußgänger spaßig zu den Beteiligten: "Wollen Sie es nicht mal mit einem Eimer kaltes Wasser versuchen?"

Das Karosseriewerk Meerane komplettierte die bis zur A-Säule identische Zivilkarosse mit geradliniger Blechverkleidung und einem einfachen ungefütterten Tourenwagenverdeck.

Produktion:
Trabant-Kübel (Armee) P 601 A
1966 - 1989 = 8.022 Stück

Auch die Forst- und Energiewirtschaft zeigte großes Interesse an dem „Kübel“.

Produktion: Trabant-Kübel (Forst) P 601 F

1967 - 1982 =	1.910 Stück
1986 - 1990 =	114 Stück
Gesamt	**2.024 Stück**

Für den Export wurde eine zivile Variante geschaffen, der „Tramp“. Der Tramp sollte als Einfach-Cabrio ohne Türen und als Freizeitauto seine Liebhaber finden.

Produktion: Trabant-Kübel Tramp
1978 - 1990 = 926 Stück

Den Wetterschutz bildet bei allen drei Kübel-Varianten eine Faltverdeck-Konstruktion mit einknöpfbaren Türen.

Serienmäßig besaß der Tramp eine Zusatzbenzinheizung.
So konnte man auch in den Wintermonaten seinen Spaß haben.

Extra für die X. Weltfestspiele im Juli 1973 in Berlin wurden 10 Stück des P 601 Kübel in weißer Farbe mit dreiteiligen Chromstoßstangen und Alugrillziergittern gebaut.

Auffahrunfall. Ein Polizist versucht den Hergang zu erklären. „Die Dame im Wagen vor Ihnen gibt an, sich korrekt verhalten zu haben. Sie habe links geblinkt und sei links abgebogen." Der Fahrer nickt. „Eben das hat mich ja so durcheinandergebracht!"

4. Die neue Kraft des Trabant – der P 1.1

Mit neuem Motor zum P 1.1

Jahrelang wurden alle Bemühungen für eine effizientere PKW-Produktion sowie die Suche nach geeigneten Nachfolgetypen für den Trabant durch das Nichtvorhandensein von Investitionsmitteln unterbunden.
Die gesellschaftliche Situation in den 80er Jahren spitzt sich zu. Wartezeiten von mehr als zwölf Jahren sind ein blamables Eingeständnis gegenüber den westlichen Nachbarn. Der Druck von allen Seiten wird größer. Schnell werden Beschlüsse für die Entwicklung eines neuen Modells sowie die Erhöhung der Jahresproduktion um 50.000 auf 175.000 PKW-Trabant getroffen.

Ein neuer Motor musste her!

Die Zweitaktmotoren waren von der Entwicklung her ausgereizt und im internationalen Maßstab hoffnungslos überaltert. Die IFA* erwarb von Volkswagen die Lizenz zum Nachbau ihres im Polo eingesetzten 1.3-Liter-Viertaktmotors.

* Industrieverband Fahrzeugbau

Neuer Motor:

Zwischen Juni und November 1983 verhandelten IFA- und VW-Vertreter über ein Lizenzabkommen zum Einsatz eines modernen Viertaktmotors.
Gegenstand der Verhandlung war der Kauf einer gebrauchten Motoren-Bauanlage, die über eine 5jährige Lieferung von 500.000 Rumpfmotoren bezahlt werden sollte.
Vertragsunterzeichnung war am 12.12.1984

VIER TAKT Auftakt

Er führt seiner Freundin
den neuen Trabi 1.1-Superdeluxe vor.
Er drückt auf einen Knopf und die Scheiben
gehen runter. Wieder ein Knopfdruck und die Sitze
verstellen sich. Noch ein Knopfdruck und ein Ventilator
wirbelt ihr den Rock hoch. Da wird sie wütend.
„Zum Teufel, machst du gar nichts mehr mit der Hand?"

Wer hat den längsten?

Dieser Motor sollte zunächst im PKW-Wartburg, anschließend im Trabant und schließlich auch im Kleinbus „Barkas“ eingebaut werden. Bevor der neue Motor gefertigt werden konnte, erfolgten umfangreiche Investitionen für den Bau eines neuen Werkes im Ort Mosel, für neue Maschinen und die Umstrukturierung der bisherigen Produktion.

Die Gesamtinvestition belief sich auf ca. 7,96 Mrd. M/DDR. Ziel war die Erhöhung der Jahresproduktion um 50.000 auf 175.000 Stück. Insgesamt waren an dem Projekt 10 Industrieministerien, 44 Kombinate und 180 Betriebe beteiligt. Sie mussten 650 Teile und Baugruppen für den Motor bereitstellen.

Technische Daten des Vierzylinder-Viertaktmotors:

Hubraum:	1.043 ccm
Leistung:	40 PS bei 5.300 U/min
Geschwindigkeit:	125 km/h
	von 0 auf 100 km/h in 22,1 Sek.
	von 0 auf 80 km/h in 14 Sek.
Verbrauch:	7 - 8 l/100km

Innerhalb von knapp 4 Jahren war es gelungen, den technischen Rückstand in der Motorenfertigung aufzuholen.

„Hör mal, Papa“, sagt der Sohn zu seinem Vater, „nun lass mich doch endlich den Führerschein machen. Ich bin doch wirklich alt genug.“ „Du schon“, brummt der Vater, „aber mein Auto noch nicht.“

Am 31. August 1988 wurde die Alpha-Motoren-Produktionsanlage, für die Motorenbaureihe EA 111, in Karl-Marx-Stadt (Chemnitz) durch den VW-Vorstandschef Dr. Carl Hahn übergeben.

Mit dem Herzstück eines jeden Fahrzeuges, dem neuen Motor, ist die seit Jahren angestrebte durchgreifende Erneuerung gelungen. Für die Anpassung eines neuen Karosserie-Modells reichte die Kraft und das Geld nicht mehr.

Entwicklungsvarianten zum P 1.1

Die zunächst favorisierte Karosserie eines Prototypen, den P 1.1 E, wurde nach Berechnung der erforderlichen Investitionen abgelehnt.

P 1.1 E Trabant
Limousine, 1988

Motor:	Vierzylinder in Reihe wassergekühlt
Hubraum:	1.043 ccm
Leistung:	40 PS bei 5.300 U/min
Geschwindigkeit:	125 km/h
Verbrauch:	8 l/100km
Bauzeit:	1990 - 1991
Produktion:	1 Anschauungsmuster 1 Funktionsmuster

Prototyp Trabant 1.1 Typ E. Auf Veranlassung von Hauptkonstrukteur Gerhard Roth wurde 1988 dieser Trabant von Ing. D. Kaluza entworfen. Es blieb ein Musterbau.

Statt dessen wurde im Detail nur ein etwas verändertes Äußeres genehmigt.

Der Motor war mit 40 PS vorgesehen. Ein vorrangiges Ziel war die Einsparung von Kraftstoff und die Senkung der Abgasemission.

Eine 1.900 ccm Variante war für den Wartburg geplant.

Und so sieht der P 1.1 Trabant aus:

Limousine

Motor:	Vierzylinder in Reihe wassergekühlt
Hubraum:	1.043 ccm
Leistung:	40 PS bei 5.300 U/min
Geschwindigkeit:	125 km/h
Verbrauch:	8 l/100km
Preis:	19.865 M/DDR
Bauzeit:	1990
Produktion:	16.508 Wagen

Kombi

Motor:	Vierzylinder in Reihe
Hubraum:	1.043 ccm
Leistung:	40 PS bei 5.300 U/min
Geschwindigkeit:	125 km/h
Verbrauch:	8 l/100km
Bauzeit:	1990 - 199
Produktion:	111.926 Kombi (1990)

Die Entwicklungskosten von 1984 -1990 für die Serienproduktion betrugen 35,8 Mill. M/DDR (ohne die Errichtung von Produktionsstätten).

Ende November 1988 liefen im Werk II die ersten 150 Fahrzeuge der Nullserie vom Band. (120 Limousinen und 30 Kombi)

Ende 1989 nahm das neue Montagewerk in Mosel die Vorserienfertigung von 850 Fahrzeugen auf.

Äußerlich erkennbar war der neue Wagen an der abgekanteten Blechmotorhaube, dem neuen Kühlergrill mit reduzierten Luftschlitzen und den veränderten Rückleuchten. Der Tank (28 Liter) fand seinen Platz im Heck und war erstmalig von außen betankbar.

Am 14.05.1990 kamen die ersten Wagen zur Auslieferung.

Produktion: Trabant P 1.1
VEB Sachsenring Automobilwerke Zwickau von 1988 - 1990

Limousine	17.301 Stück
Kombi Universal	21.677 Stück
Tramp	496 Stück
	39.474 Stück

Zusätzlich:

Pick up	2 Funktionsmuster
Kübel	3 Funktionsmuster

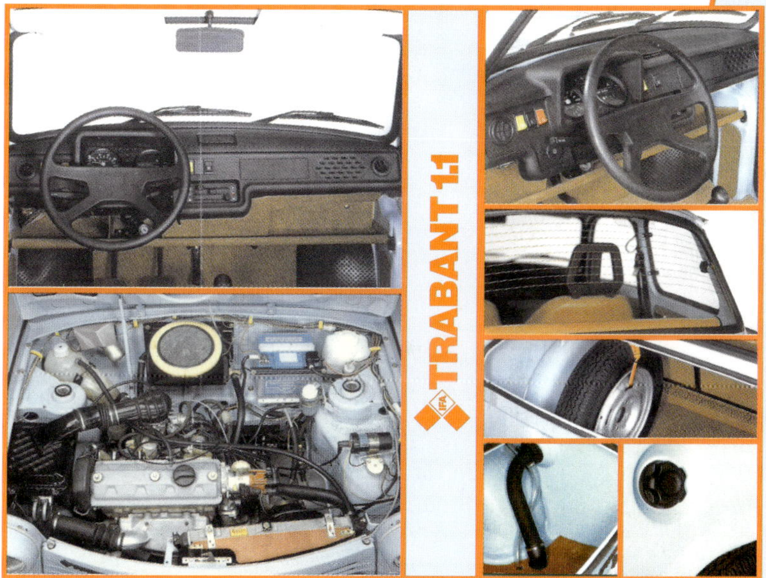

Ein Kollege sitzt deprimiert an seinem Schreibtisch und sagt düster:
„Heute habe ich die Herrschaft über meinen Wagen verloren."
„Zu schnell gefahren?" erkundigt sich ein anderer.
„Nein, meine Frau hat den Führerschein gemacht."

Verkaufspreise:

Die Preisbildung war ein großes Politikum.
Die Kosten für dieses Auto waren explodiert.

Gegenüber dem P 601 ergaben sich Mehrkosten von:

660 M/DDR Vierganggetriebe
4.450 M/DDR Neuer Viertaktmotor
3.690 M/DDR Einbaukosten für das neue Aggregat
8.800 M/DDR Mehrkosten

Der Preis für die damals teuerste Limousine wäre von 13.200 M/DDR auf die wahnsinnige Summe von 22.000 M/DDR gestiegen.

Da dieser Preis politisch nicht zu vertreten war, wurde er aus dem Staatshaushalt subventioniert und mit einem Minder-Verkaufspreis von 18.000 M/DDR festgelegt. Trotz alledem wurde der Wagen nicht freudig aufgenommen. Nach 26 Jahren und bei einer Preiserhöhung von 6.000 M/DDR wollte man kein Auto, welches dem Weltstandard hinterher hing.

Am 21.05.1990 erfolgte mit Beginn der Serienproduktion des IFA Trabant 1.1 die Auslieferung des 3.000.000. Trabi sowie gleichzeitig der Beginn der Montage des ersten VW Polo im Werk Mosel.

VW Polo CL
Limousine, Steilheck, 1990

Motor:	Vierzylinder in Reihe
Hubraum:	1.272 ccm
Leistung:	55 PS bei 5.200 U/min
Geschwindigkeit:	153 km/h
Verbrauch:	8 l/100km
Preis:	17.410 DM
Bauzeit:	1990 - 1991 in Mosel
Produktion:	17.978 Fahrzeuge

P 1.1

Als im Mai die Produktion in Serie ging, war der Vertrag zur Währungs-, Wirtschafts- und Sozialunion mit der Bundesrepublik bereits unterzeichnet (Wendezeit).
Dem Image und der Technik westeuropäischer Autohersteller hatte der Trabant nichts entgegenzusetzen.
Betrug der DDR-Verkaufspreis für die Limousine noch 19.865 M/DDR, war er gegen Ende der Trabant-Ära auf 6.900 DM/BRD zusammengeschrumpft und somit auch keine kostendeckende Herstellung mehr möglich.
Mit Grenzöffnung begannen für die Gebrauchtwarenhändler aus den westlichen Nachbarländern Goldgräberzeiten.
In Zwickau standen die Zwei- und Viertakter auf Halde.

Das ursprünglich in Mosel gebaute Montagewerk wäre angesichts der sich abzeichnenden Entwicklung eine Fehlinvestition gewesen, wenn nicht der VW-Konzern beschlossen hätte, an dieser traditionsreichen Stätte einen neuen eigenen Standort zu errichten.

Auch der modifizierte Trabant-Caro
konnte das angeschlagene Image nicht aufbessern.

P 1.1 Trabant Caro
Prototyp, 1990

Motor:	Vierzylinder in Reihe
Hubraum:	1.043 ccm
Leistung:	40 PS bei 5.300 U/min
Geschwindigkeit:	125 km/h
Verbrauch:	8 l/100km
Bauzeit:	1990
Produktion:	1 Funktionsmuster

Ein Trabifahrer fährt über Land. Am Straßenrand steht ein Mütterchen und winkt. Der mitleidige Fahrer nimmt die Oma mit. Nach ein paar Kilometern blubbert der Motor, dann setzt er ganz aus. Seufzt der Fahrer: „Verflixt jetzt steht er!" Da kichert die Oma triumphierend: „Wusste ich doch, dass ich nicht ungeschoren davonkomme."

Es kam, wie es kommen musste!

Am 30. April 1991
um 14.00 Uhr
endete nach 33 Jahren
die Produktion des
Volkswagens „Trabi“.

Der letzte Trabant war ein
pinkfarbener P 1.1 Universal,
welcher im Horch Museum
in Zwickau zu bewundern ist.

P 1.1 Trabant Universal

1991

Motor:	Vierzylinder in Reihe
Hubraum:	1.043 ccm
Leistung:	40 PS bei 5.300 U/min
Geschwindigkeit:	125 km/h
Verbrauch:	8 l/100km
Bauzeit:	1990 - 1991
Produktion:	11.926 Kombi (1990) 9.672 Kombi (1991)

Insgesamt wurden 3.096.099 Trabis produziert.

Harry macht mit Oma eine Fahrt
im nagelneuen Trabi 1.1. Interessiert
beobachtet die Oma, wie ihr Enkel die
Schaltung bedient. Plötzlich sagt sie:
„Und nun nimm endlich beide Hände an das
Steuer - das Benzinumrühren übernehme ich!"

Mit 'nem Trabi auf Reisen geh'n, das ist schön!

Die aktuelle Trabi-Szene

Trabant 1.1 Modellmodifikationen

1. Trabant 1.1 Kübelwagen 1988

Im vorletzten Produktionsjahr des P 601 Kübelwagens entstand unter dem Einfluss des neuen Motorenkonzeptes im Karosseriewerk Meerane ein Prototyp, mit dem man die bewährte Militärausführung weiterzuführen gedachte.

Der rasant einsetzende gesellschaftliche Umbruch verwarf allerdings derartige Pläne. Die zwei Funktionsmuster bedeuteten zugleich das Ende, da der potentielle Kunde, die Nationale Volksarmee, vor der eigenen Auflösung stand, noch bevor eine Serienproduktion zustande kam.

P 1.1 Trabant Kübelwagen
Prototyp, 1988

Motor:	Vierzylinder-Reihenmotor
Hubraum:	1.043 ccm
Leistung:	40 PS bei 5.300 U/min
Geschwindigkeit:	125 km/h
Verbrauch:	8 l/100km
Preis:	nicht kalkuliert
Bauzeit:	1988
Produktion:	2 Funktionsmuster

Der Polizist stoppt Frau Müller.
„Sind Sie verrückt geworden, mit achtzig durch die Ortschaft zu rasen?"
Meint sie pikiert: „Das ist nur mein Hut, der mich so alt macht!"

2. Trabant 1.1 Limousine Typ E 1988

Aufgrund der hohen Investition für den neuen Motor waren keine weiteren Mittel vorhanden, um ein neues Modell zu entwickeln.

Durch den Generaldirektor des IFA Kombinates PKW, Herrn Voigt, wurde 1988 eine Untersuchung zur Modifizierung der Karosserie veranlasst. Sie sollte bei geringsten Änderungen der Fertigungsanlagen und damit der Karosseriegrundform schnell umsetzbar sein.

P 1.1 E Trabant
Limousine, 1988

Motor:	Vierzylinder in Reihe, wassergekühlt
Hubraum:	1.043 ccm
Leistung:	40 PS bei 5.300 U/min
Geschwindigkeit:	125 km/h
Verbrauch:	8 l/100km
Entwicklungszeit:	1988
Produktion:	1 Anschauungsmuster 1 Funktionsmuster

Unter Leitung des Chefkonstrukteurs Gerhard Roth wurde 1988 ein Funktionsmodell auf der Grundbasis von Ingenieur Mathias Kaluza entwickelt.

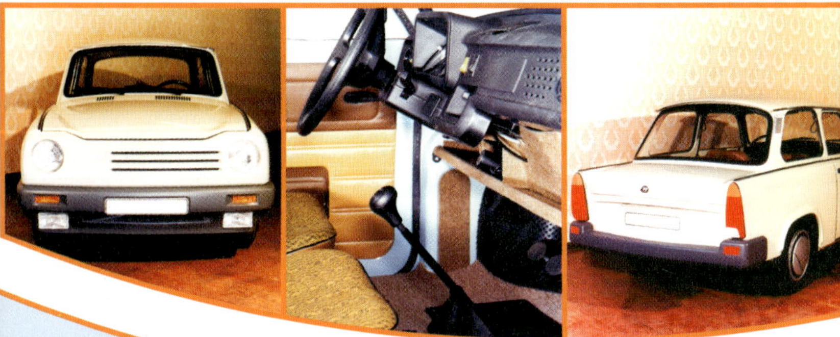

Die Entwicklungsarbeiten dauerten von Februar bis Dezember 1988. Die Entwicklungskosten beliefen sich auf 340 Tausend M/DDR. Aufgrund der zusätzlichen Investitionssumme von ca. 170 Mio. M/DDR und einer Materialkostenerhöhung von 283,51 M/DDR je Fahrzeug wurde die Entwicklung und somit das Projekt abgebrochen.

3. VW-Studie 1990

Anhand einer gelieferten Serienlimousine versuchten die Karosseriegestalter im Wolfsburger VW Stammwerk das Erscheinungsbild der antiquierten Trabantkarosserie durch ein kostengünstiges Facelifting zu modernisieren. Der Entwurf hatte allerdings keinen Einfluss auf die Karosseriegestaltung.

Der letzte Versuch – der Trabant CARO

Im Frühjahr 1990 präsentierte die Geschäftsführung des Sachsenringwerkes drei modern gestaltete Karosserievarianten. Sie sollten die Alternative zum jahrelang vorherrschenden Karosseriestil werden.

Den Gestaltungsauftrag erhielt die Münchner Firma IVM. Diese kalkulierten dafür einen Entwicklungspreis von 4,5 Mio. DM/BRD. Einigen konnten sich beide Parteien auf 3 Mio. DM/BRD für drei Autos. Das Ergebnis konnte sich zwar sehen lassen, hatte aber aufgrund der erst neu begonnenen Produktion des VW „Polo“ keine Realisierungschancen.

1. Variante:

P 1.1 Trabant Caro Limousine
Prototyp, 1990

Motor:	Vierzylinder in Reihe
Hubraum:	1.043 ccm
Leistung:	40 PS bei 5.300 U/min
Geschwindigkeit:	125 km/h
Verbrauch:	8 l/100km
Bauzeit:	1990
Produktion:	1 Funktionsmuster

P 1.1 Caro

Limousine

2. Variante:

P 1.1 Trabant Caro Tramp
Prototyp, 1990

Motor:	Vierzylinder in Reihe
Hubraum:	1.043 ccm
Leistung:	40 PS bei 5.300 U/min
Geschwindigkeit:	125 km/h
Verbrauch:	8 l/100km
Entwicklungszeit:	1990
Produktion:	1 Funktionsmuster

3. Variante:

P 1.1 Trabant Pick up
Prototyp, 1990

Motor:	Vierzylinder in Reihe
Hubraum:	1.043 ccm
Leistung:	40 PS bei 5.300 U/min
Geschwindigkeit:	125 km/h
Verbrauch:	8 l/100km
Entwicklungszeit:	1990
Produktion:	1 Funktionsmuster

Fräulein Müller hatte einen Verkehrsunfall und bespricht die Sache mit ihrem Anwalt.
„Ein sehr komplizierter Fall, Fräulein Müller", meint der.
„Wenn ich Sie richtig verstanden habe, müssen wir beweisen, dass der Radfahrer, den Sie umgefahren haben, mit hundert über die Kreuzung raste, und dass die Katze, die von rechts über die Straße lief, so groß war, dass sie Ihnen völlig die Sicht nahm."

Der Stern des Zwickauer Automobilbaues war unter den sich anbahnenden gesellschaftlichen Veränderungen im Sinken begriffen. Ein Serienanlauf hätte nicht nur umfangreiche Konstruktionskapazität gebunden, auch der Werkzeugbau hätte enorme Mittel und Zeit verschlungen. In der dem Werk verbleibenden Zeit mussten solche Bestrebungen als illusorisch eingestuft werden.

Eine Frau versucht
mit dem nagelneuen Trabi
in eine Parklücke zu kommen.
Siegessicher ruft sie ihrem Mann zu,
der ihr vom Fußweg her einwinkt:
„Wirf doch noch mal Geld in die Parkuhr,
Liebling. Diesmal werde ich es schaffen!"

5. Aus dem Leben des Trabant

Die Meilensteine in der „Trabi“-Produktion

Dezember 1960: Der 35.000. Trabant, ein P 50/1, wurde produziert (Sonderwunsch zweifarbig).

29. Januar 1962: Der 100.000.Trabant, ein P 50/2, wurde produziert.

21. April 1968: Der 500.000. Trabant, ein P 601, wurde produziert.

Januar 1969: Der 100.000. Trabant, ein Kombi „Universal“, wurde produziert.

Höhepunkt:

Am 22. November 1973 erfolgte die Auslieferung des 1.000.000. Trabant, eines P 601 Limousine.

1. August 1978: Der 1.500.000. Trabant, ein P 601, wurde produziert.

1. Oktober 1982: Auslieferung des 2.000.000. Trabant, eines P 601.

15. August 1986: Auslieferung des 2.500.000. Trabant, eines P 601.

21. Mai 1990: Auslieferung des 3.000.000. Trabant, eines P 1.1 Universal. Gleichzeitig Beginn der Produktion des VW-Polo.

30. April 1991: Einstellung der Produktion des Trabant.

Der letzte Trabant ist ein pinkfarbener P 1.1 Universal.

Zwischen 1957 und 1991 wurden insgesamt 3.096.099 Fahrzeuge der Trabant-Baureihe produziert.

Auf einem Schildchen in einem Taxi stand:
Lieber Fahrgast, bitte bedenken Sie: Wollen Sie lieber fünfzig fahren und achtzig werden oder umgekehrt?

„Trabant-Dachzelt" - der Campingspaß

Aufgrund bestehender Reisebeschränkungen für die Bevölkerung erfreute sich der Campingurlaub größter Beliebtheit.

Schon der Trabi-Kombi, anfangs vom PKW P 70 bis zum „Universal", fand viele Campingfreunde. Doch dann wurde eine geniale Idee vorgestellt, das Trabant-Dachzelt.

Gerhard Müller aus Limbach-Oberfrohna war der Erfinder. Ihn störte das ständige Auf- und Abbauen sowie das sorgfältige Einpacken und Verstauen des Zeltes. Daraufhin entwickelte er ein Zelt, welches man auf dem Trabantdach aufklappen und nach Gebrauch schnell wieder zusammenklappen konnte.

Das Auf- und Zusammenklappen dauerte nur wenige Minuten.

Komplettiert wurde der Campingspaß mit vielen Eigenkreationen und Umbauten von Anhängern. Oftmals wurden ausgemusterte Trabis einfach umgebaut.

Karikatur - Heini Scheffler - Zwickau

Das Trabant-Rallye-Leben

Der Trabant und Rallyepisten, das passt doch gar nicht in das Leistungsbild des Kleinwagens!

Doch fehlgedacht: Der Trabant, auch liebevoll „Rennpappe“ genannt, begleitete immer den Rallye-Sport.

Mit der 1. Acht-Berge-Rallye des MC Zwickau 1957 begann der Rallyesport in Zwickau.

Der erste nationale Auftritt einer Trabant-Equipe erfolgte bei der zweiten Ostsee-Rallye im August 1958 und bescherte dieser sofort eine Gold- und eine Silbermedaille.

Im Jahr 1959 erfolgte für die Werksfahrer der erste Auftritt im Ausland, der internationalen „Semperit-Rallye“ in Österreich.

1959 wurde der erste Deutsche Meistertitel in der Klasse bis 750 ccm durch Heinz Feldmann eingefahren.

Am 1. April 1960 wurde auf Vorschlag von Chefkonstrukteur W. Lang durch die Sachsenringwerksleitung die Sportabteilung, unter der Leitung von Manfred Georgie gegründet.

Feststellung aller männlichen Autofahrer: „Mit Autos und Frauen ist es immer das gleiche. Man hegt und pflegt sie, kauft alle möglichen Extras und wenn sie ausgestattet sind, bumst ein anderer in sie hinein!“

„Die Kraft der zwei Kerzen“

Es erfolgte eine Radikalkur an fast allen Bauteilen:

Leistungssteigerung: Zuerst von 18 auf 27 PS, mit dem P 601 1963 bereits über 32 PS und in den 80iger Jahren gelang es, das Triebwerk auf 60 PS zu mobilisieren.

Die höheren Bremskräfte übernahmen Wartburg-Trommelbremsen an der Vorderachse. Erleichterung an der Karosserie und ein stabileres Fahrwerk gehörten ebenso zum Tuningpaket der Sportwagen, wie Vierpunktsicherheitsgurte, Überrollbügel, Feuerlöscheinrichtungen und Verkehrsfunk.

Wegen des hohen Kraftstoffverbrauchs in den Bergen erfolgte der Einbau eines Zusatztanks im Fahrzeugheck.

Vier Mannschaften führten den Trabant bis in die 70er Jahre zu Klassen-, Mannschafts- und Gesamtsiegen.
Asmus/Piehler – Galle/Pestel – Ullmann/Lange – Landgraf/Georgie – Feldmann/König (Reserveteam)

Ing. Lothar Sachse gestaltete die P 601 Karosserie und wird neben seiner Tätigkeit als Karosseriekonstrukteur ab 1963 Co-Pilot von Helmut Piehler.
1969 fahren sie die Rallye Monte Carlo.

1961: Doppelsieg auf dem Nürburgring bei der „Rallye-Hanseat“ mit Punktgleichheit durch die Teams Galle/Georgie und Feldmann/König.

Bis Ende 1973 starteten die Werksmannschaften 110 mal und konnten 8 Gesamtsiege, 65 Klassensiege, 46 Goldmedaillen, 14 Fabrikmannschaftssiege und 1 Goldmedaille in der Fabrikmannschaftswertung nach Hause bringen.

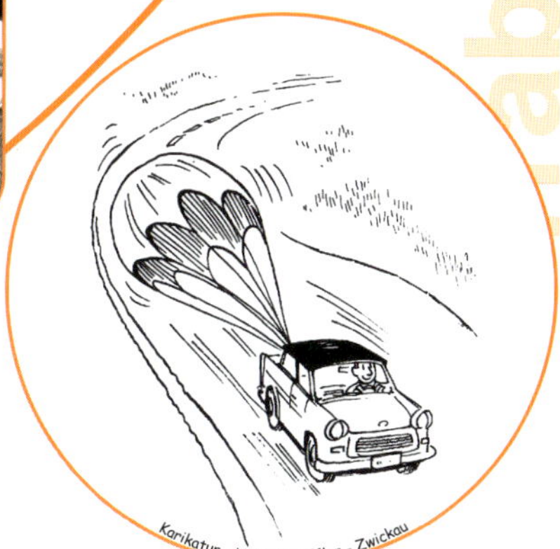

Karikatur - Heini Scheffler - Zwickau

Mitte der 70er Jahre fand im Motorsport ein Generationswechsel statt. 1973 sollte der Trabant Typ 603 eine neue Ära im Rallyesport einleiten. Doch es blieb ein Traum. Finanzielle Förderungen wurden wegen „nichtolympischem-Bereich" gestrichen. Es blieb nur der P 601. Im Feld der neuen Klasseneinteilung bis 1.150 ccm und 1.300 ccm war es schwierig an die Erfolge ihrer Vorgänger anzuschließen.

Trotzdem schafften die Teams Asmus/Piehler und Galle/Müller 1970 einen Doppelsieg in Monte Carlo.

Starts im westlichen Ausland sollten den Absatz fördern. Regelmäßig wurde bis 1998 die Rallye der „1.000 Seen" in Finnland gefahren.

14 Klassensiege gab es. Der letzte Sieg war 1981. Der letzte Start fand 1989 statt und endete mit einem 2., 3. und 4. Platz.

Rallye-Motor

19 Prozent aller Unfälle werden von betrunkenen Autofahrern verursacht. Das bedeutet, dass 81 Prozent aller Unfälle von nicht betrunkenen Autofahrern verursacht werden. Das ist erschreckend! Warum können sich diese nüchternen Idioten nicht von der Straße fernhalten und unsere Sicherheit um 400 Prozent steigern!?

In den 80er Jahren bestand der sportliche Überlebensdruck in der dringenden Erhöhung der Motorleistung. Das Ergebnis war ein 800 ccm Motor, der 60 PS auf die Räder brachte.

P 800 RS Trabant
Rallye-Fahrzeug 1988

Motor:	Zweizylinder in Reihe, luftgekühlt
Hubraum:	771 ccm
Leistung:	60 PS bei 6.000 U/min
Geschwindigkeit:	150 km/h
Verbrauch:	8 l/100km
Bauzeit:	1986 - 1988
Produktion:	3 Wagen

Dieser Trabant war eines der drei offiziellen Rallyefahrzeuge der Sachsenring-Werkssportabteilung.

Die höhere Leistungsausbeute resultierte aus verschiedenen Maßnahmen wie Gewichts- und Massenreduzierung, Rundschiebervergaser, polierte Kanäle, höhere Vorverdichtung, Teflonbeschichtung der Kolben, Steuerung des Gaswechsels durch Diffuser.

60 Starts bei 31 Wettbewerben gingen ab 1986 auf das Konto der letzten Sportwagengeneration.

In der Zeit von 1986 bis Juli 1990 bestimmten drei Fahrzeugteams das Rallyeleben: Galle/Kießling später Meinig, Weichsel/Richter und Ficker/Leonhardt.

Am 30.06.1990, 30 Jahre nach Gründung, wurde die Sportabteilung aufgelöst.

Bilanz der Erfolge

In der 30-jährigen Rallyegeschichte starteten die Teams bei 35 verschiedenen Rallyes in 13 europäischen Ländern.
Bei 845 Starts in den Klassen von 600 - 1.300 ccm wurden:
- 8 Gesamtsiege,
- 177 Klassensiege,
- 110 zweite und
- 83 dritte Plätze eingefahren.

26 mal gewannen die Zwickauer den, für die sozialistischen Länder ausgeschriebenen Pokal für Fabrikmannschaften.

Trotz alledem hat die Rennbegeisterung die politische Wende überlebt. Tourenwagenrennen, am umgestalteten Sachsenring sowie auf den neuen Strecken in Oschersleben und am Lausitzring bei Berlin, sind bei allen Motorfreunden sehr beliebt. Zu verdanken ist dies vielen Bastlern und Tüftlern, die ohne Werksunterstützung aus einem 26 PS Serienmotor um die 80 PS herausholen.

Die Fahrleistung des „Renntrabi" ist beachtlich. Man schaltet bei 80 in den zweiten, bei 105 in den dritten und so geht es mit dem vierten weiter bis auf eine Höchstgeschwindigkeit um die 180 km/h.

1993 wurde der „Trabant-Lada-Racing-Cup" in Gotha/Thüringen neu gegründet. Trabant- und Lada-Tourenwagen kämpfen gemeinsam um die schnellsten Zeiten auf den Rennstrecken. Der Cup hat sich von anfänglich 20 auf jetzt über 30 Teilnehmerteams pro Saison verbessert.

Unsere „Rennpappe", mit der Kraft der zwei Kerzen, lebt! Und das ist gut so!

Herr Meyer macht mit seinem Trabi eine Landpartie und fährt beim Überholen einer Scharfherde den Leithammel an. Zu dem Schäfer sagt er: „Ich werde Ihnen natürlich das Tier ersetzen“ Der Schäfer lacht nur höhnisch und meint: „Ja, glauben Sie vielleicht, meine Schafe würden das nicht merken?“

Quadratisch

Praktisch

Gut

Prototypen

Zukunftsentwicklungen ohne Zukunft

Die geschichtliche Entwicklung der Trabis vom P 50, P 60 über den P 601 bis zum 1.1er hatte stets ein zweites Gesicht, die zukunftsorientierte Weiterentwicklung.

Die Zeit des anspruchslosen **Zweitakters** ging unaufhaltbar ihrem Ende zu. Autohersteller westlicher Nachbarn hatten sich von dieser Antriebsart schnell verabschiedet.

Das wussten auch die **Ingenieure** aus Zwickau und hatten dafür bereits entsprechende Neuentwicklungen in der Schublade bzw. in der Musterbaufertigung. Diese konnten sich mit allen westlichen Autoherstellern messen. Sie hätten durchaus Maßstäbe auf dem Automarkt gesetzt. Doch die Praxis war eine andere.

Für die **Partei- und Staatsführung** wurde die Autoproduktion als „nicht dringend notwendige Bedürfnisse der Bevölkerung“ eingestuft. Notwendige Investitionsmittel wurden nicht bereitgestellt.

Es bestand eine vorherrschende **Diskrepanz** zwischen Wollen, Können und Dürfen. Ergebnis war, dass alle Entwicklungen abgelehnt wurden. Die vielen Ingenieure und Teams empfanden persönliche Enttäuschung, Wut und Unverständnis.

An einer Tankstelle fährt ein klappriger alter Trabi vor. „Zwanzig Liter Benzin, bitte.“ sagt der Fahrer. Der Tankwart schaut sich nachdenklich den Trabi an und fragt: „Wollen Sie wirklich noch so viel in das Auto investieren?“

Der P 504 Kleinwagen
Januar 1959 - April 1960

Ziel war die Entwicklung eines Mehrzweckfahrzeuges für die Bevölkerung. Niedrige Herstellungskosten und Wirtschaftlichkeit (schon mit 4-Takt-Motor) sollten dem internationalen Standard entsprechen.

Der Entwicklungsbericht über Studienentwürfe des P 504 wurden im Mai 1960 dem ZEK (VEB Zentrale Entwicklung und Konstruktion für den Kraftfahrzeugbau, Karl-Marx-Stadt) übergeben.

Entwicklungskosten:	321.000 M/DDR
Produktion:	2 Holzmodelle

Prototypen

Der P 100 Mittelklassewagen
Februar 1961 - September 1961

Diese Entwicklung war eine Gemeinschaftsproduktion zwischen den Automobilwerken Zwickau und Eisenach. Sie war als Nachfolgekonzeption für den Trabant P 50 vorgesehen.

Die Ganzstahlkarosserie war wesentlich größer, der Motor deutlich stärker. Große Fenster und eine gefälligere Gesamt-Trapezform entsprachen der damaligen Mittelklasse auf dem Weltmarkt.

Motor:	Dreizylinder in Reihe, Zweitakt, luftgekühlt
Hubraum:	995 ccm
Leistung:	47 PS
Geschwindigkeit:	130 km/h
Verbrauch:	7,5l/100km
Entwicklungszeit:	1961
Entwicklungskosten:	782.400 M/DDR
Produktion:	1 Funktionsmuster aus Zwickau mit Frontantrieb 1 Funktionsmuster aus Eisenach mit Heckantrieb

Das Erscheinungsbild des P 100 erinnert sehr an den späteren, in Eisenach gebauten Wartburg 353 aus dem Jahr 1966.

16. Juni 1962: Einstellung der Entwicklung.

Die Ablehnung erfolgte aufgrund des überhöhten Materialaufwandes und der nicht vertretbaren ökonomischen Fertigungskosten.

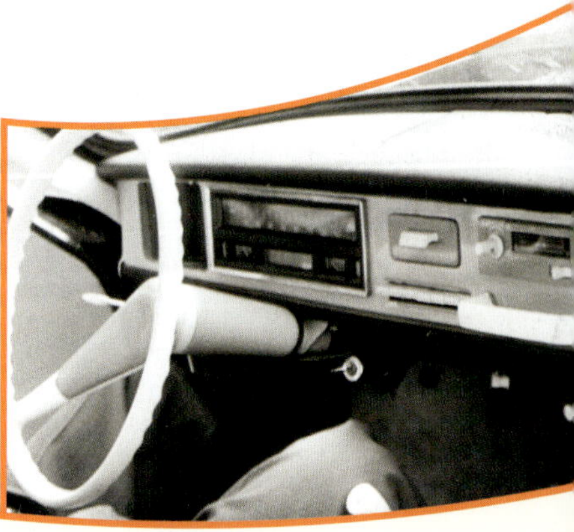

Funktionsmuster: Zwickau

Funktionsmuster: Eisenach

Harry geht in Berlin ins IFA-Büro, wo er sich für ein Auto anmelden kann. Er füllt den Anmeldeschein aus; es soll ein Trabant sein. Er gibt den Schein ab. Der Bearbeiter sagt zum Schluss: „Sie können in etwa 12 Jahren Ihren Trabant abholen." Fragt der Mann zurück: „ Soll ich dann vormittags oder nachmittags kommen?"

1962 - 1964 – Der P 602 Kleinwagen

1962: Beginn der Entwicklung,
da der P 601 nur als Zwischentyp geplant war.

Entwicklungsvorhaben:
2-Zylinder Zweitakt-Motor; 28 - 30 PS; Duplexbremse; Hinterachse mit Schraubenfederung; selbsthaltende Kofferdeckelscharniere

Produktion:	von 1962 - 1967 6 Funktionsmuster (1964)
Entwicklungskosten:	1,779 Mio M/DDR, wobei einige Entwicklungen in die Serienproduktion des P 601 geflossen sind

Oktober 1965 - Juni 1966 – Der P 602 V Kleinwagen

Im Oktober begannen die Arbeiten am P 602 V.

Die Weiterentwicklung:

Die Zielstellung der ersten Weiterentwicklung des P 601 war die Verbesserung der Innenraumnutzung und einiger technischer Komponenten.
Die Maßnahmen dazu umfassten die Verlängerung des Radstandes von 2.020 auf 2.300 mm, eine schraubengefederte Hinterachse, die Anordnung des Tanks im Heckbereich mit 32 Liter Fassungsvermögen sowie die Vollheckgestaltung. Dabei sollte die Heckklappe aus Duroplast herstellbar sein.

Produktion:	1 Funktionsmuster
Entwicklungskosten:	736 T M/DDR

P 602 V Trabant
Limousine, Funktionsmuster, 1966

Motor:	Zweizylinder in Reihe Zweitakt, luftgekühlt
Hubraum:	594,5 ccm
Leistung:	23 PS
Geschwindigkeit:	100 km/h
Verbrauch:	8,5 l/100km

Die Ablehnung wurde durch schlechtere ökonomische Parameter im Vergleich zum vorhandenen P 601 begründet. Der ganze Komplex sollte noch einmal überdacht werden.

1966 - 1968 – Der P 603

Entwicklungsbeginn: 1963

Der P 603 war eines der ersten Vollheckfahrzeuge Europas und sollte den P 601 ablösen. Diese Entwicklung war ihrer Zeit weit voraus.

Hauptschwerpunkte waren:

- Laufleistung 100.000 km,
- geringer Kraftstoffverbrauch,
- verbesserte Heizung,
- Zweikreisbremssystem,
- Verbesserung des Sicherheitsstandards,
- Erhöhung der PS-Leistung durch unterschiedliche Motorenmodelle,
-Geschwindigkeit: 125 - 135 km/h,
- Vollheck-Limousine (Stahlgerippe mit Duroplastbespannung)

Produktion:

6 Funktionsmuster	mit Skoda MB 1000/Viertaktmotor,
2 Funktionsmuster	mit Wankelmotor/Kreiskolbenmotor
1 Funktionsmuster	mit Wartburgmotor/Dreizylinder
geplante Nullserie:	01.10.1968
Geplante Serienproduktion:	Ende 1969/Anfang 1970
Entwicklungskosten:	5.451 Mio. M/DDR

Ende 1968 waren die Vorbereitungsarbeiten zum Serienbeginn sehr weit fortgeschritten. Fertigungslinien und Großwerkzeuge wurden bereits vorbestellt. In dieser Entwicklungsphase kam eine unfassbare Entscheidung – **der Abbruch der Entwicklung**.

Günter Mittag (Sekretär der Wirtschaftskommision beim Politbüro) verkündete 1968 die sofortige Einstellung der Entwicklung.
Eine der Ursachen für die Einstellung war die überwiegend auf Zwickau zugeschnittene Produktion. Somit konnte aufgrund mangelnder Investitionskraft der DDR eine Zweitypenproduktion nicht aufrecht erhalten werden. Es bestand keine Möglichkeit, Eisenach in der übergreifenden Stufenproduktion kostengünstig mit einzubeziehen.
Die Partei und Regierung hielt unvermindert an dem Einheits-PKW fest.

Frau Müller hat den neuen Trabi ihres Gatten zu Schrott gefahren. Als sie mit dem Taxi zu Hause ankommt, schimpft sie: „Nicht zu fassen! Für teures Geld ausgebildete, hochbezahlte Leute sind da am Werk! Und der einzige Platz, der ihnen fürs Bremspedal einfällt, ist direkt neben dem Gaspedal!“

Günter Mittags (Sekretär der Wirtschaftskommision beim Politbüro) Führungsstil gegenüber Direktoren und Generaldirektoren der DDR-Wirtschaft ließ keine Kritik zu und war im persönlichen Auftreten teilweise grob beleidigend. Objektiven Fakten gegenüber verschloss er sich und pochte auf die Einhaltung von Parteibeschlüssen, wie unrealistisch sie auch waren. Er griff in die Vollmachten der Fachminister ein und verlangte die Absetzung von in Ungnade gefallenen Führungskräften, was in der Regel auch sofort geschah.

Die Einstellung der Entwicklung des Trabantnachfolgers P 603 wurde vom damaligen Generaldirektor des Fahrzeugbaues Oberingenieur Kurt Lang missbilligt. Dies beschleunigte 1968 seine Frührente mit 60 Jahren.

Der Schock saß tief, doch die Zwickauer kämpften insgeheim für ihre Neuentwicklung weiter.

Nachdem das Projekt P 603 von Günter Mittag bereits abgelehnt worden war, fuhr der damalige Chefkonstrukteur Dr. Werner Lang mit dem Prototyp nach Berlin und stellte ihn den einflussreichsten DDR-Ministern persönlich vor. Er wollte sie dazu bewegen, dem Bau dieses Autos zuzustimmen.
Nachdem Günter Mittag von diesem Vorhaben erfahren hatte, kam von ihm der Befehl eine weitere Popularisierung sofort zu beenden und die Funktionsmuster zu vernichten.

Ing. Dr. Werner Lang wurde daraufhin zur Unterstützung der LKW-Entwicklung nach Ludwigsfelde „weg“-delegiert. Heute existieren nur noch vereinzelt Fotos und ein Modell.

Renault R 5 - Herstellungsjahr 1972

Peugeot 10 - Herstellungsjahr 1972

Ähnlichkeit mit dem P 603 rein zufällig?

Nachfolgende westliche Autoproduktionen von Renault, Peugeot und auch der VW-Golf I sahen dem Trabant P 603 erstaunlich ähnlich!

1968 - 1969 – Der Prognose-PKW

Mit befohlenem Abbruch der Arbeiten am P 603 und der Festhaltung am Zukunfts-Einheits-PKW begannen die Arbeiten am so genannten Perspektiv- bzw. Prognose-PKW.

Es sollte eine Arbeitsteilung erfolgen zwischen:

Sachsenring-Zwickau:	Fahrwerk und zweitürige Karosse und
AWE-Eisenach:	Viertakt-Motor und Getriebe; Modifikation für eine viertürige Karosse und einen Kombi

Bereits nach 1 Jahr wurde diese Entwicklung abgebrochen.

Produktion:	0
Entwicklungskosten:	1,835 Mio M/DDR auf Seiten des AWZ-Zwickau (Automobilwerk Zwickau)

Als neue Orientierung wurde eine PKW-Gemeinschaftsproduktion mit einem sozialistischen Wirtschaftspartner angestrebt.

1970 - April 1973
Der P 760 „RGW-Auto" – untere Mittelklasse

Entwicklungsbeginn 1970

Nach dem Ende der Entwicklung des P 603 und des Prognoseautos wurde die Entwicklung im Automobilbau auf ein großes gemeinsames Automobilprojekt mit dem sozialistischen Wirtschaftspartner CSSR (Tschechoslowakei), insbesondere mit den Skoda-Werken orientiert.

Die Gemeinschaftsarbeit beinhaltet:

Sachsenring-Zwickau: (Ablösung Trabant P 601)	Vorderachse, Antriebswellen und Lenkgetriebe
AWE-Eisenach: (Ablösung Wartburg)	Getriebe
CSSR-Mlada Boleslav: (Ablösung Skoda S 100)	Motor, Hinterachse

Die Karosserien sollten für jedes Land in eigener Verantwortung entwickelt werden.

Die Zusammenarbeit gestaltete sich langwierig und schwierig. Die DDR-Ingenieure favorisierten den Frontantrieb und die Tschechoslowaken bestanden auf den Heckantrieb.

Der Frontantrieb setzte sich durch.

„Bremsen, bremsen!" brüllt der Ehemann, doch seine Frau gibt Vollgas. Nachdem beide aus dem Wrack herausgekrabbelt sind, fragt er: „Warum hast du bloß nicht gebremst?" Darauf sie verärgert: „Weil ich mir von dir keine Vorschriften machen lasse!"

Produktion 1972

1972 wurden im Rahmen der Zusammenarbeit
4 Funktionsmusterfahrzeuge als dreitürige Vollhecklimousinen mit Skoda-Motor hergestellt.

Im Volksmund der Konstrukteure wurde das Auto wegen seiner Seitenformgestaltung auch „Hängebauchschwein“ genannt.

Die Entwicklungskosten betrugen 23,6 Mio M/DDR.

Für den DDR-Trabinachfolger entstand das Problem, dass dieses Auto nicht nur größer sondern auch wesentlich teurer werden würde. Auch die Zusammenarbeit hinsichtlich einer gemeinsamen, schnellen Entscheidungsfindung gestaltete sich zu kompliziert.

Am 3. April 1973 erfolgte auf Beschluss des Ministerrates der DDR die Beendigung der Entwicklung sowie die Vernichtung der Fahrzeuge und Dokumentationen.

Der Hauptgrund für die Beendigung der Entwicklung war wiederum das Problem der fehlenden Investitionsgelder und dem daraus resultierenden Festhalten am Einheitsauto.

Mit der abgespeckten Version des P 760 wäre die Endmontage ausschließlich in Zwickau gefertigt worden. Eisenach hätte nur den Zulieferungsauftrag bekommen. Es gab riesige Spannungen zwischen den beiden Automobilwerken.

Zu den prägnantesten Verfechtern für das „RGW-Auto" zählte der damalige Sachsenring-Direktor Herbert Uhlmann. Als Erich Honecker das Ende des Autoprojektes mit den Worten: „Die Vorlage ist nicht entscheidungsreif..." verkündete, widersprach Uhlmann mit den Worten: „Genosse Honecker, sie ist entscheidungsreif!"

Widerspruch vor versammelter Front wurde nicht hingenommen. Dank guter Freunde in entscheidenden Mitsprachepositionen erfolgte keine sofortige Ablösung.

Uhlmann half das nicht viel. 1974 starb Herbert Uhlmann im Alter von 54 Jahren an Herzversagen.

Die Beendigung des Projektes hinterließ zum wiederholten Mal frustrierte Ingenieure in Zwickau und enttäuschte Verhandlungspartner auf tschechoslowakischer Seite.

Es ist wieder viel Zeit und Geld verloren gegangen.

September 1973 - November 1979
Der P 610 später P 1100/1300

Nach dem gescheiterten Gemeinschaftsprojekt, dem „RGW-Auto" wurde 1973 ein neues Projekt in Angriff genommen. Mit dem Namen P 610 sollte eine erneute Zusammenarbeit zwischen Eisenach und Zwickau, sowie eine lose Kooperation mit Skoda erfolgen.

Das Grundkonzept sollte sein:

- dreitürige, selbsttragende Fließheckkarosse in Ganzstahlbauweise,
- Vierzylinder-Viertakt-Ottomotor,
- Hubraum: 1100 ccm,
- Leistung: 45 PS/33 KW (dazu eine Neuentwicklung von Skoda),
- Geschwindigkeit: 125 km/h,
- Verbrauch: 8 l/100km

Dem verletzten Trabifahrer wird nach dem Unfall ein wenig Kognak eingeflößt. Er murmelt: „Volltanken, bitte."

Das Projekt entwickelte sich sehr vielversprechend.
Verschiedene Ausstattungsvarianten wurden entwickelt.

Der P 1100/1300 in seinen Varianten

Produktion:	21 Funktionsmuster mit unterschiedlichen Motorvarianten von Skoda
Zwickau:	1.1. Liter Hubraum – 1.100 ccm
Eisenach:	1.3. Liter Hubraum – 1.300 ccm (Deshalb auch die spätere Bezeichnung P 1100/1300)
Entwicklungskosten:	39,3 Mio M/DDR von 1973 - 1979

Alle Maßnahmen für den Beginn einer Serienproduktion 1984 wurden eingeleitet.

Für Zwickau war eine Jahresproduktion von 150.000 Fahrzeugen, für Eisenach von 80.000 Fahrzeugen vorgesehen.

Doch es kam wieder anders

Am 6. November 1979 beschloss das SED-Politbüro und am 15. November 1979 das Präsidium des Ministerrates den sofortigen Abbruch der Entwicklung. Als Begründung war wieder der Mangel an Investitionsmitteln angeführt, welche für die Umsetzung einer Serienproduktion erforderlich gewesen wären.

Dieses Problem übermittelte der Planungschef Herr Schürer dem Tschechoslowakischen (CSSR) Botschafter.

Die DDR verabschiedete sich endgültig aus dem jahrelangen, gemeinsamen Projekt.

Alle abgestimmten Entwicklungen mit der CSSR waren umsonst.

Ende November 1979 war alles wieder beim alten:

Zwickau hatte keinen Nachfolger für den Trabant und Eisenach keinen für den Wartburg.

Hauptkonstrukteur Karl-Heinz Brückner

Januar 1980 - Oktober 1980
Der P 601 Pick up/Mini-Transporter

Die Konstrukteure waren stets bemüht, die Produktionspalette für den Trabant zu erweitern, um ihm neue Einsatzfelder zu erschließen. 1980 wurden Ideen für den Trabant Pick up als Mini-Transporter entwickelt. Er war in erster Linie für den Export nach Griechenland vorgesehen.

Produktion:
1 Funktionsmuster
Entwicklungskosten:
220.000 M/DDR

Der Minitransporter hätte ein großes Betätigungsfeld in der Wirtschaft abgedeckt. Nach 10monatiger Entwicklungszeit wurde das Projekt im Oktober 1980 abgebrochen.

1989/1990 wurde diese Idee noch einmal aufgegriffen. In einer gemeinsamen Produktion mit dem Fahrzeugbau Werdau GmbH sollte der Mini-Transporter „Quick-Trans“ 1991 in Serie gefertigt werden.

Protoypen

Ein Trabi, über und über mit Blumen bemalt, hält an der Tankstelle. "Was darf`s denn sein?" fragt der Tankwart höflich. "Benzin oder Wasser für die Blumen?"

1980 - 1981 PKW P 601 Z (Zwischen-Typ)
1981 - 1982 PKW P 601 WE II

Die beginnenden 80er Entwicklungsjahre sind von keiner großen Euphorie gekennzeichnet. Sie bezogen sich nicht, wie in den Vorjahren auf völlig neue und eigenständige Modellentwicklungen, sondern lediglich auf die Weiterentwicklungsmaßnahmen am Trabant.

So war geplant:

P 601 Z	- neue Vollheckkarosse, - großer Radstand, - geringe Veränderungen zum P 601
P 601 N und C = WE II	- Ablösung des Trabant P 601 in 2 Stufen

P 601 Trabant WE II
Limousine, Funktionsmuster, 1982

Motor:	Zweizylinder-Zweitakt-Motor
Hubraum:	595 ccm
Leistung:	26 PS
Geschwindigkeit:	100 km/h
Verbrauch:	8,5 l/100 km
Preis:	2 Mio M/DDR (Entwicklungskosten)
Entwicklungszeit:	1981 - 1982
Produktion:	1 Funktionsmuster

1. Stufe 601 N	- Neue Karosserie
2. Stufe 601 C	- Neues Fahr- und Triebwerk, - 2türige Fließhecklimousine mit Scheibenbremse, - 2 Takt-Otto-Motor-Wartburg oder - 4 Takt-Otto-Motor-Skoda

Produktion:	Je 1 Funktionsmuster	
Entwicklungskosten:	P 601 Z	ca. 1 Mio M/DDR
	P 601 WE II	ca. 2 Mio M/DDR

Nach jeweils 1 Jahr wurden beide Entwicklungsrichtungen abgebrochen. Begründet wurde der Abbruch mit den Worten:

„Die vorgegebene Zielstellung ist zwar technisch lösbar, das Verhältnis von Gebrauchswertzuwachs zum erforderlichen Aufwand jedoch ungünstig und eine Einordnung des erforderlichen Investitionsaufwandes im 5-Jahresplan 1981 - 1985 nicht möglich".

1984: Der Trabant mit Dieselmotor Typ 3 VD 8/7,65

Im Sinne des Staatsauftrages „kraftstoffsparende Antriebssysteme” wurde ein leichter Dieselmotor für den serienmäßigen Einsatz im Trabant entwickelt.

P 601 Trabant Typ 3 VD/7,65
Trabant mit Dieselmotor, 1984

Motor:	Dreizylinder-Viertakt-Diesel
Hubraum:	1.103 ccm
Leistung:	34 PS bei 4.500U/min
Geschwindigkeit:	120 km/h
Verbrauch:	3,6 - 4,0 l/100km
Bauzeit:	1983 - 1984
Produktion:	3 Funktionsmuster

P 50
P 50 / 1
P 50 SW II
P 50 / 2
P 60
P 60 / 1
P 601
P 602 V
P 603
P 610
P 760
P 100
P 1.1

Die Konstrukteure Wolfgang Beyer und Günter Landgraf schufen einen Motor, dessen technische Daten nicht nur mit denen des 1,5 Liter VW Golf Diesel identisch waren, das Triebwerk benötigte nur 67 Prozent der Kraftstoffmenge eines halb so großen Benzinautos.

Prototypen

Ein Mercedesfahrer hängt sich bei dichtem Nebel an die Schlusslichter eines Trabifahrers. Plötzlich bremst dieser, und es kommt zu einem Auffahrunfall. Wutentbrannt springt der Mercedesfahrer aus seinem Wagen und brüllt: "Sind Sie wahnsinnig, so plötzlich zu bremsen?" Darauf der Trabifahrer: „Was wollen Sie eigentlich? Ich bin in meiner Garage!"

Der Einbau des Motors 3 VD 8/7,65 in den Trabant P 601 erforderte eine Mc Pherson-Vorderachse und die Verlegung des Tanks in das Fahrzeugheck.

Die Probeläufe über mehrere Tausend Kilometer verliefen ohne Beanstandungen.

Verbrauch:	Stadtverkehr	3,6 - 4,0 Liter
	Landstraße	4,5 - 5,0 Liter
	Autobahn	5,5 - 6,0 Liter

Produktion: 3 Prototypen

Die weiteren Entwicklungsarbeiten mußten wegen der geplanten Übernahme des VW-Motors abgebrochen werden.

Bei einer
Verkehrskontrolle
prüft der Polizist die Reifen.
„Wissen Sie Fräulein, dass Sie
ein saumäßiges Profil haben?"
„Sie haben´s nötig!" faucht
sie zurück. „Eine Schönheit
sind Sie auch nicht
gerade!"

Edel und stark!

Die aktuelle Trabi-Szene

Die Trabi-Szene

Die Legende und seine Fans

Als Sinnbild des Sozialismus war der Trabant mehr als 30 Jahre ein Begleiter für die meisten DDR Bürger. Er war der am längsten gefertigte Zweitakt-PKW mit einer Kunststoffkarosserie in der Automobilgeschichte.

Aufgrund politischer und ökonomischer Zwänge erging es dem Trabant wie vielen anderen DDR Produkten:
Anfangs verkörperten sie den internationalen Entwicklungsstandard, aber später blieb ihnen eine grundlegende Weiterentwicklung versagt. Die politische Wende in der DDR bescherte dem Trabant ein Wechselbad der Gefühle.
Mit Freude begrüßt, verschwand er mehr und mehr aus dem Straßenbild. Die beliebte „Rennpappe“ hatte im harten Wettbewerb zwischen den Automobilbauern keine Chance. Der Gesamtbestand ging im Jahre 1989 von ca. 2,2 Mio. Trabibesitzern auf nur noch ca. 58.000 zurück.

Ein Kunde kommt in die Reparaturwerkstatt, um sein schon ziemlich altersschwachen Trabi abzuholen. "Na, Meister, haben Sie sich den Wagen mal gründlich angesehen?" "Habe ich" stöhnt der Meister, „an dem Karren gibt es nur ein einziges Teil, das kein Geräusch macht ist die Hupe."

Doch der Trabi lebt!

Liebhaber und seine Fans haben den totgesagten Trabi wieder belebt. Man musste ihn jetzt nicht mehr fahren, sondern man wollte ihn jetzt fahren. Die Kraft der zwei Kerzen erlebte ein Comeback. Die neu entdeckte Liebe ist ein Zeichen der Ostalgie. Sie weckt Erinnerungen an vergangene Zeiten, bringt eine tiefe Verbundenheit unter den Trabifahrern und seinen Fans. Sprüche und Aufkleber, wie „Lieber Sachsenring als Ehering", „Trabifahrer sind die Härtesten" oder „Autos aus Pappe brauchen Fahrer aus Stahl" sind ein Zeichen des neuen Selbstbewusstseins.

1998, anlässlich des 5. Trabitreffens, hat der Trabant ein Denkmal in Zwickau erhalten. Der Bildhauer Bertold Dietz aus Lichtentanne schuf den Sandstein-Trabant mit einer Bronze-Personengruppe. Die Skulptur stellt den Trabant mit „seiner" Familie dar. Die Finanzierung erfolgte über Spenden aus der Szene und öffentlichen Zuschüssen.

Überall entstanden Fanclubs quer durch Deutschland und außerhalb der Landesgrenzen.

Europaweit bestehen über 250 IFA- und Trabi-Clubs. Die meisten Fangemeinschaften sind eingetragene Vereine. Weltweit sind bereits ein Trabiclub in Oklahoma und ein Club in Brasilien gemeldet.

Die Fans treffen sich auf vielen Event-Veranstaltungen. Das Herz der Szene aber schlägt in der Geburtsstadt des Trabant, in Zwickau. Die sächsische Hochburg der Automobilindustrie ist das Mekka der Trabifans aus aller Welt.

Trabi – Mekkahochburg – Zwickau

- Alljährliches Internationales-Trabantfahrer-Treffen (ITT)
- Sitz des Internationalen Trabantregisters „Inter Trab“
- Vertrieb des eigenen Zeitungsmagazins „Super Trabi“ (Herausgeber: Verlagsgesellschaft BERGstraße mbH, Aue)
- Jährliche Trabi-Rallye

Von den im Jahr 2006 noch 58.000 zugelassenen Trabis sind allein im Bundesland Sachsen 17.737 gemeldet. Das sind mehr als ein Drittel des Gesamtbestandes.

Eddi Haschke mit Schauspieler Wolfgang Stumph „Stumpi“

Trabi-Szene

Aktuell aus dem Kraftfahrtbundesamt in Flensburg zum Stand 1. Januar 2006 sind noch ...

58.073 Trabis zugelassen.

Seit 1957 bis zum 30.04.1991 wurden in Zwickau 3.096.099 Fahrzeuge der Trabant-Baureihe produziert. Die Zahl der in Deutschland gemeldeten Fahrzeuge sank von ca. 2.2 Mio. (1989) auf 169.623 (2000) und 58.073 per 1.1.2006. Trabi-stärkstes Bundesland bleibt Sachsen, wo 2006 exakt 17.737 Trabi gemeldet waren.

	Bestand an PKW, Fa. Sachsenring (Trabant)		
1985	**Gesamtbestand PKW-DDR**		3.306.230
	davon Trabantfahrzeuge	ca.	1.632.100
	davon P 50/P 60	ca.	118.00
1989	**Gesamtbestand PKW-DDR**		3.898.895
	davon Trabantfahrzeuge	ca.	2.210.100
	davon P 50/P 60	ca.	85.000

	1995	**1999**	**2002**	**2005**	**2006**
Baden-Württemberg	2.112	1.382	1.217	1.075	1.084
Bayern	3.593	2.175	1.820	1.595	1.547
Berlin	23.959	6.516	3.477	1.974	1.734
Brandenburg	113.397	41.130	22.493	11.891	10.130
Bremen	221	127	94	77	72
Hamburg	471	291	234	180	167
Hessen	1.919	1.189	1.022	835	775
Mecklenburg-Vorpommern	63.436	19.441	9.563	4.590	3.995
Niedersachsen	4.921	2.541	1.941	1.429	1.353
Nordrhein-Westfalen	5.654	3.325	2.769	2.224	2.105
Rheinland-Pfalz	1.123	636	558	487	474
Saarland	251	138	107	78	73
Sachsen	225.982	79.372	41.941	20.932	17.737
Sachsen-Anhalt	109.864	34.688	18.326	9.579	8.203
Schleswig-Holstein	1.754	841	628	510	486
Thüringen	104.453	34.709	18.268	9.508	8.138
Deutschland insgesamt	663.110	228.501	124.458	66.984	58.073
„alte Länder"	22.019	12.645	10.390	8.510	8.136
„neue Länder" inkl. Berlin	641.091	215.856	114.068	58.474	49.937

Die Trabifans kennen glücklicherweise keine Schranken der Typenabgrenzung in ihrer Traditionspflege. Wildgetunte Trabis aus der P 601-Serie sind genauso willkommen wie die originalen Oldtimer P 50. Viele neugeschaffene Unikate, ob als Polizei-, Feuerwehr-, Rennauto oder Straßenkreuzer bis hin zum Bierausschank- und Bratwursttrabi, hat es nie als Prototyp gegeben.

Alles ist erlaubt, wogegen der TÜV keine Einwände hat. Die jahrzehntelange Monotonie ist vorbei!

Der unscheinbare sächsische Kleinwagen hat es geschafft, er wurde zum Kultmobil.

"Eine Legende auf Rädern"

Trabi-Szene

Völlig mit den Nerven runter kommt Müller aus dem Gerichtssaal. „Das war vielleicht ein Reinfall! Zuerst bekomme ich fünfhundert Mark Strafe wegen Erregung öffentlichen Ärgernisses, nur weil ich die blöde Gans im Auto geliebt habe. Und als sie als Zeugin vortritt und der Richter sie genau sehen kann, donnert er mir noch fünfhundert Mark zusätzlich wegen Trunkenheit am Steuer auf!"

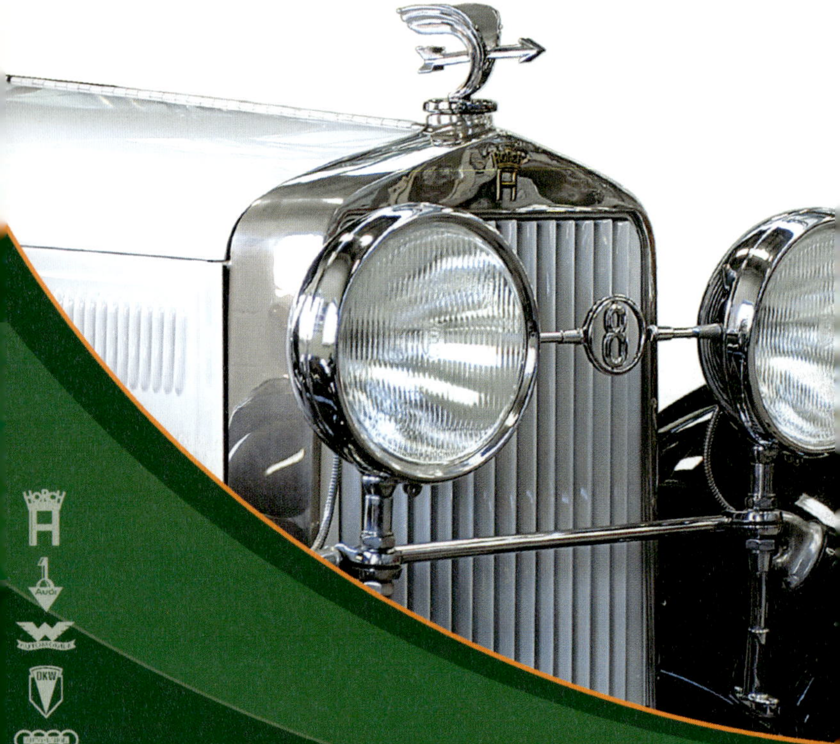

1904 begründete der Kraftfahrtpionier August Horch den Automobilbau in Zwickau. Desser facettenreiche Entwicklung wird im Museum auf über 2.500 m^2 in einzigartiger Weise erfahrbar. 60 Großexponate aus einem Jahrhundert westsächsischen Fahrzeugbaus, eingebunden in zeithistorische Hintergründe, machen Geschichte zum Erlebnis. Luxuswager des einstigen Marktführers Horch faszinieren ebenso wie die Modelle der Marke Audi, deren Ursprung im heutigen Museum liegt - das einzige in Deutschland an der frühere Fertigungsstätte. DKW-Kleinwagen und auch Wanderer aus Chemnitz, über den Verbun der Auto Union eng mit der Zwickauer Historie verknüpft, sind zu sehen. Natürlich wird die Ära der Silberpfeile gewürdigt. Die Epoche nach 1945 mit ihren vielfältigen Modelle und Prototypen, insbesondere dem weltbekannten Trabant als bestimmendes Produkt, findet breiten Raum. Die Gegenwart dokumentieren Volkswagen Modelle

InterTrab e.V. hat sich dem Erhalt des Trabant verschrieben

Im Verein Internationales Trabant-Register - kurz InterTrab - haben sich Gleichgesinnte zusammen gefunden, denen der Erhalt des ostdeutschen Kultfahrzeuges Trabant wichtig ist. Egal wie alt, ob als Kombi oder Limousine, mit oder ohne Anhänger - bei Inter Trab ist alles vertreten, was das legendäre Auto ausmacht. Erfindergeist von einst machte ihn zum Kultstar. Auch wenn die Zulassungszahlen rückläufig sind – der Trabi lebt. Wesentlichen Anteil an dieser Renaissance haben Vereine und Clubs, wo sich Liebhaber des Mobils treffen. Da wird ebenso geschraubt, lackiert und geputzt – wie bei InterTrab. Seit Jahren ist der Verein beim Organisieren und Durchführen der Internationalen Trabant Fahrer-Treffen (ITT) in der Trabi-Geburtsstadt Zwickau nicht mehr wegzudenken. Ehrenamtlich arbeiten die Mitglieder, darunter ehemalige Konstrukteure und Sachsenringwerker in der Jury, um die Wertungsfahrzeuge auf Herz und Nieren zu prüfen. Seit Jahren unterstützt InterTrab dabei den ITT-Veranstalter WVD Mediengruppe Chemnitz, mit dem der Verein seit langem partnerschaftlich zusammenarbeitet. Aktiv sind die InterTrab-Mitstreiter bei der Trabi-Rallye, die als sportlich-touristische Tour durch Sachsen führt und traditionell Auftakt des ITT ist. Mit seiner AUTOmobilen Trabantausstellung in der Zwickauer Uhdestraße 12 besitzt InterTrab die Möglichkeit, den Trabi in all seiner Vielfalt zu präsentieren und zu erhalten. Gemeinsam mit der Stiftung Automuseum Volkswagen wurde 2005/2006 die viel beachtete Wanderausstellung „Rennpappe trifft Kugelporsche“ an vier Standorten in Deutschland präsentiert. Fast 200.000 Besucher sahen diese Dokumentation Automobiler Ost-West-Geschichte. 2007 feiert der Trabant seinen 50. Geburtstag und es wird zahlreiche Aktivitäten geben. „Das Leben mit und um den Trabant“ wird Hauptthematik in der AUTOmobilen Trabant-Ausstellung sein.

Internationales Trabant-Register e. V.
AUTOmobile Trabantausstellung

Dr. Friedrichs-Ring 12, 08056 Zwickau
Telefon 01 73 / 3 77 99 09, www.intertrab.de

Worte des Dankes

Für die Bereitstellung von persönlichen Aufzeichnungen, Kopien von Entwicklungsberichten, Statistiken, Fotomaterial sowie weiteren Unterlagen aus Privatbesitz möchten wir nachfolgend genannten Institutionen und Personen besonderen Dank sagen:

August Horch Museum Zwickau, insbesondere
Herrn Jürgen Pönisch und
Herrn Heino Neuber
www.horch-museum.de;

Internationales Trabant Register – Inter Trab e.V.,
insbesondere Herrn Edgar Haschke und Herrn Florian Barth,
www.intertrab.de;

Das Magazin „Super Trabi“ Verlag BERGstraße mbH Aue,
www.supertrabi.de, insbesondere Frau Annegret Ernst ;

Gemeinnütziger Förderverein Automobilmuseum Zwickau, insbesondere

Herrn Dr. Winfried Sonntag, seit 1949 Konstrukteur bei Horch, 1954 Technischer Direktor Werk Audi, 1958 Technischer Direktor VEB Sachsenring Automobilwerke Zwickau,
1963 Direktor VEB WTZ (Wirtschaftlich-Technisches Zentrum Automobilbau), 1968 - 1978 Generaldirektor VVB Auto (Vereinigung Volkseigene Betriebe Autobobilbau), danach Direktor der WTZ,
1984 - 1991 Auftragsleiter für das Projekt VW-Motor.

Herrn Dr. Werner Lang seit 1949 Assistent beim Technischen Leiter der Horch-Werke,
1958 Chefkonstrukteur VEB Sachsenring Automobilwerke Zwickau, 1970 - 1983 Direktor für Wissenschaft und Technik bei Sachsenring, maßgeblich an der Weiterentwicklung des Trabant und geplanter Nachfolgemodelle beteiligt.

Herrn Dr.-Ing. Werner Reichelt, seit 1950 Konstrukteur in den Horch-Werken, seit 1952 in der Kunststoffentwicklung, im Korrosionsschutz und Werkstoffeinsatz im WTZ Automobilbau, Mitpatentinhaber zur Herstellung großflächiger Pressstoff-Formteile. Ab 1986 Abteilungsleiter Kunststoffentwicklung in Zwickau.

Herrn Karl-Heinz Brückner,
Versuchsingenieur, bis 1975 Abteilungsleiter Versuch, 1976 - 1991 Hauptkonstrukteur im VEB Sachsenring Automobilwerke Zwickau.

Für die Recherche und Mitgestaltung bedanken wir uns ganz herzlich bei: Herrn Michael Bigalke und dem Team der MB Kontakt, Idee, Recherche, Betreuung und Beratung

Herrn Heinz Scheffler,
Pressezeichner, Karikaturist und Illustrator

Herrn Sylvio Droigk,
Illustrator, Karikaturist, www.droigks.de

Ebenfalls danken wir allen Trabifahrern die uns Fotos von ihren Trabi-Lieblingen zur Verfügung gestellt haben.

Museum „Trabiparadies“
99947 Weberstedt, besonders dem Schöpfer der Trabiunikate
Herrn Volkmar Helbing.

Danksagung

Impressum

Konzeption und Redaktion
Andrea Verlags GmbH, Hönow
www.andrea-verlag.de
andreaverlag@aol.com

Gestaltung/Layout
Anja Schlief, Kathrin Wolff
Carmen Lang (Karikaturen)

Druckerei: sachsendruck GmbH, Plauen

e Umst
achse Carton de bl
ern-Volvo Zwickauer Flüchtling
haltblase Mercedes Krenz Sachsenporsc
tbomber Fliegender Sachse Carton de la blamage
vo Zwickauer Flüchtlingskoffer Gehhilfe Trabillac Plastepfeil
se Mercedes Krenz Sachsenporsche Umstandskasten Caton d
gender Sachse Carton de blamage Überdachte Zündkerze Arb
koffer Gehhilfe Trab Plast pfeil Rennpappe Asphaltblase
mstandskasten Carton de Duroplastbomber Fliegende
kerze Arbeiter- und Bauer Flüchtlingskoffer G
pfeil Rennpappe Asp des Krenz Sachsenporsch
en Carton de la Pap mber Fliegender Sachse Car
ündkerze Arbeiter- un Zwickauer Flüchtlingskoffe
astepfeil Rennpappe e Mercedes Krenz Sachsenpo
kasten Carton de la omber Fliegender Sachse
nte Zündkerze Arbeit o Zwickauer Flüchtlings
c Plastepfeil Rennpapp Mercedes Krenz Sachs
andskasten Carton de la Pa stbomber Fliegender Sac
rdachte Zündkerze Arbeiter- und Bauern-Volvo Zwickauer Flücht
abillac Plastepfeil Rennpappe Asphaltblase Mercedes Krenz S
mstandskasten Carton de la Papp Duroplastbomber Fliegende
Überdachte Zündkerze Arbeiter- und Bauern-Volvo Zwickauer F
Plastepfeil Rennpappe Asphaltblase Mercedes Kre
arton de la Papp Duroplastbomber Fliege
iter- und Bauern-Volvo Zwicka
ne Asphaltblase M
mber F